寒洪英
李树发
唐开学 等 著

中甸刺玫资源研究与利用

科学出版社
北京

内 容 简 介

中甸刺玫是云南香格里拉特有的极危植物,也是国家重点保护野生植物,仅狭域分布在香格里拉小中甸地区,是一种重要的高山观赏花卉和食果植物资源,也是一种耐低温、高抗黑斑病和蚜虫的月季种质资源。中甸刺玫是迄今蔷薇属野生种中唯一有报道的十倍体植物,也是蔷薇属中目前发现的最高倍性。本书系统阐述了中甸刺玫的发现历史、地理分布、种群现状、表型变异、细胞遗传、系统发育位置及可能的十倍体起源、遗传多样性和遗传结构、叶绿体基因组及种内变异、繁育系统等,总结了中甸刺玫的有性和无性扩繁技术、引种栽培的限制因子及园林应用栽培技术,为进一步保护与利用中甸刺玫奠定了理论基础、提供了技术支撑。

本书可供广大从事种质资源保护与利用、保护生物学等研究领域的科研人员及研究生参考,也可供观赏园艺工作者、花卉爱好者等阅读。

图书在版编目(CIP)数据

中甸刺玫资源研究与利用 / 蹇洪英等著. -- 北京:科学出版社,2024.6.
ISBN 978-7-03-078822-1

Ⅰ.Q949.751.8

中国国家版本馆CIP数据核字第2024UC6558号

责任编辑:李 迪 高璐佳 / 责任校对:郝璐璐
责任印制:肖 兴 / 封面设计:金舵手世纪

科学出版社 出版
北京东黄城根北街16号
邮政编码:100717
http://www.sciencep.com
北京建宏印刷有限公司印刷
科学出版社发行 各地新华书店经销
*

2024年6月第 一 版 开本:720×1000 1/16
2024年6月第一次印刷 印张:14 3/4
字数:295 000
定价:228.00元
(如有印装质量问题,我社负责调换)

作者名单

蹇洪英	李树发	唐开学	张　颢	邱显钦
晏慧君	张　婷	王其刚	李淑斌	陈　敏
周宁宁	王慧纯	景维坤	蔡艳飞	马璐琳
李　涵	解玮佳	李慧敏	熊灿坤	王开锦
方　桥	伍翔宇	周玉泉	曹世睿	李纯佳
苏　群	白锦荣	田　敏	杨舜婷	

前 言

  花卉种质资源是支撑花卉产业发展的基础性、战略性资源。一方面，种质资源可直接利用，以原材料的方式参与花卉生产，在促进产业发展的同时也保护了花卉种质资源多样性，可增强花卉产业及其生态系统的稳定性。另一方面，花卉种质资源支撑花卉新品种选育，提供各种特性和基因来源，是支撑花卉产业可持续发展的物质源泉。得益于得天独厚的自然环境和独特的地形地貌，云南不仅是全国著名的花卉生产大省，还素有"植物王国"和"世界花园"之称。在这个美丽的大花园里，在素有"人间乐土"之称的迪庆香格里拉，生长着一种著名的高山花卉和月季种质资源——中甸刺玫。

  中甸刺玫是云南香格里拉特有的极危植物，野生植株仅存600余株，狭域分布在香格里拉小中甸地区，现已被列为国家重点保护野生植物。云南省农业科学院花卉研究所首次发现中甸刺玫是一个异源十倍体，这也是迄今蔷薇属野生种中唯一有报道的十倍体植物，并在此基础上对其进行了近20年的系统研究。本书前9章集中展示了中甸刺玫的发现历史、地理分布、种群现状、表型变异、细胞遗传、系统发育位置及可能的十倍体起源、遗传多样性及遗传结构、叶绿体基因组及其种内变异、繁育系统等详细信息。

  作为蔷薇属野生种中仅有的直立树状灌木，中甸刺玫的花大、色彩鲜艳，花色和花型丰富，耐低温，对黑斑病和蚜虫均高抗，是一种十分重要的月季种质资源和高山花卉，具有极高的观赏价值和开发利用前景。为了促进中甸刺玫的保护和开发利用，本书第10~12章总结了中甸刺玫引种栽培的限制因子、有性和无性扩繁技术及园林应用栽培技术。

多倍化影响植物的分化和物种形成，被认为是植物进化的重要动力。多倍性也是作物遗传育种和驯化中的一个重要目标性状，多倍体育种在园艺作物中应用广泛。对中甸刺玫的十倍体形成过程、其种内表型变异的细胞和分子机制等未解之谜的进一步探索将有助于蔷薇属植物的物种形成和系统发育研究，也将为现代月季的倍性育种提供深刻启示。本书第13章对中甸刺玫未来的研究和育种应用前景进行了展望。

本书的写作主要由蹇洪英、李树发和唐开学以及云南省农业科学院花卉研究所月季创新团队的其他多位研究人员，包括在团队学习过的多位研究生共同完成。具体撰稿分工如下：第1章由蹇洪英、李树发、唐开学撰写；第2章由蹇洪英、王开锦、张颢、邱显钦撰写；第3章由周玉泉、苏群、李淑斌、晏慧君、杨舜婷撰写；第4章由李树发、李纯佳、李涵、白锦荣撰写；第5章由张婷、曹世睿、田敏、解玮佳撰写；第6章由蹇洪英、方桥、李慧敏、唐开学撰写；第7章由蹇洪英、邱显钦、晏慧君、周宁宁撰写；第8章由蹇洪英、曹世睿、王慧纯、景维坤撰写；第9章由伍翔宇、王其刚、马璐琳、唐开学撰写；第10章由李树发、蔡艳飞、张颢、唐开学撰写；第11章由李树发、陈敏、熊灿坤、伍翔宇撰写；第12章由李树发、熊灿坤、蹇洪英、张颢撰写；第13章由蹇洪英、唐开学、邱显钦、晏慧君撰写。蹇洪英负责全书的统稿。

在本书有关内容的研究和后续写作过程中，得到了云南省农业科学院花卉研究所王继华、李绅崇、贾文杰、吴丽芳等多位老师的支持和帮助，也得到了国家观赏园艺工程技术研究中心、云南省花卉育种重点实验室、云南省省级花卉种质资源圃等平台的支持。在此，谨向为本书编写、出版提供帮助和支持的所有同仁表示衷心感谢！

本书的内容是作者承担的国家自然科学基金项目"云南蔷薇野生资源的染色体变异及分布规律研究"（31060267）、"云南特有易危植物中甸刺玫的种群现状及保护遗传学研究"（31260198）、"中甸刺玫十倍体起源的分子细胞遗传学研究"（31560301）、"异源多倍体植物中甸刺玫表型变异的细胞和分子基础"（31972443），以及国家重点研发计划"重要花卉种质资源精准评价与基因发掘"子课题（2019YFD100401-2）的研究成果。本书的出版得到了云南省科技厅重大科技专项（202102AE090052）和高层次科技人才及创新团队选拔专项（202305AS350002）的资助。

中甸刺玫以其极高的观赏性、独特的生物学特性和极具潜力的开发与育种利用前景吸引了作者的研究兴趣，作者为之投入了近20年的潜心努力。然而，隐含在这些兴趣点背后的生物学问题都极为复杂，也几乎没有现成的资料可以参考。限于作者认知水平和学术水平，书中不足之处在所难免，敬请各位读者批评指正，以便作者今后进行修订和完善，并更好地开展后续研究工作。

作　者

2023 年 11 月 16 日

目　录

第1章　香格里拉的地质历史及环境概况 ······················· 1
 1.1　横断山地区地质构造特征及演化历史 ······················· 1
 1.2　香格里拉的由来及其自然地理和气候概况 ··················· 2
 1.3　香格里拉的植物多样性 ································· 7
 1.4　香格里拉的植物采集历史 ······························· 11

第2章　中甸刺玫的发现、分类学特征及分类地位 ················ 13
 2.1　中甸刺玫的发现与发表 ································· 17
 2.2　中甸刺玫的分类学特征 ································· 20
 2.3　中甸刺玫的分类地位 ··································· 26
 2.4　小结 ·· 35

第3章　中甸刺玫的地理分布及种群现状 ························ 36
 3.1　中甸刺玫原生地的自然概况 ····························· 38
 3.2　中甸刺玫的种群分布现状 ······························· 40
 3.3　中甸刺玫的年龄结构 ··································· 50
 3.4　中甸刺玫的静态生命表 ································· 50
 3.5　小结 ·· 51

第4章　中甸刺玫的农艺性状及表型多样性 ······················ 53
 4.1　中甸刺玫的农艺性状 ··································· 54
 4.2　中甸刺玫的观赏性状 ··································· 58
 4.3　中甸刺玫在原生地的抗性 ······························· 63

4.4　中甸刺玫种内的表型变异·································· 65

4.5　小结·································· 68

第5章　中甸刺玫的细胞核型、染色体形态及结构多样性·································· 70

5.1　中甸刺玫的染色体制备、荧光原位杂交与核型分析方法·································· 72

5.2　中甸刺玫基于压片法的核型·································· 76

5.3　中甸刺玫种内的染色体数量和核型多样性·································· 77

5.4　中甸刺玫种内基于rDNA FISH的核型变异·································· 93

5.5　小结·································· 98

第6章　中甸刺玫十倍体起源的分子细胞学证据·································· 101

6.1　中甸刺玫基于5S rDNA的可能亲本·································· 103

6.2　中甸刺玫基于叶绿体DNA片段的可能母本·································· 105

6.3　中甸刺玫基于rDNA FISH的可能供体亲本·································· 105

6.4　中甸刺玫的减数分裂行为·································· 117

6.5　小结·································· 121

第7章　中甸刺玫的遗传多样性及遗传结构·································· 122

7.1　中甸刺玫基于cpDNA的遗传多样性和遗传结构·································· 123

7.2　中甸刺玫基于AFLP的遗传多样性和遗传结构·································· 128

7.3　中甸刺玫受威胁的原因及保护措施·································· 132

7.4　小结·································· 135

第8章　中甸刺玫的叶绿体基因组特征及种内变异·································· 138

8.1　中甸刺玫叶绿体基因组测序、组装和特征分析的方法·································· 139

8.2　中甸刺玫叶绿体基因组结构特征·································· 140

8.3　中甸刺玫种内不同个体的叶绿体全基因组变异·································· 149

8.4　小结·································· 152

第9章　中甸刺玫的繁育系统·································· 154

9.1　中甸刺玫的开花物候、花期及花形态·································· 154

9.2　中甸刺玫花粉和柱头的微形态以及花粉-胚珠比（P/O）·································· 157

9.3　中甸刺玫的花粉活力和柱头可授性·································· 160

9.4　中甸刺玫人工控制授粉试验结果·································· 161

9.5　中甸刺玫的访花昆虫·································· 163

9.6　小结·································· 164

第10章　中甸刺玫向低海拔引种栽培的生理生态影响因子……166
　　10.1　引种地的自然概况……166
　　10.2　昆明露地与大棚栽培对中甸刺玫生长发育的影响……167
　　10.3　中甸刺玫在昆明与香格里拉的植物学性状比较……170
　　10.4　中甸刺玫在昆明与香格里拉的光合特性比较……171
　　10.5　氮肥对中甸刺玫生长发育的影响……173
　　10.6　小结……175

第11章　中甸刺玫的有性及无性扩繁技术研究……178
　　11.1　中甸刺玫的嫁接繁殖……179
　　11.2　中甸刺玫的根扦插繁殖试验……189
　　11.3　中甸刺玫的种子萌发试验……191
　　11.4　中甸刺玫种子繁殖及生产技术……195
　　11.5　小结……199

第12章　中甸刺玫的园林绿化栽培技术及应用实例……200
　　12.1　中甸刺玫的园林绿化栽培技术……200
　　12.2　中甸刺玫应用示范……204

第13章　中甸刺玫的研究展望及开发利用前景……207
　　13.1　中甸刺玫的基因组及其多倍体起源和形成过程……207
　　13.2　中甸刺玫表型变异的细胞和分子基础研究……208
　　13.3　中甸刺玫的十倍体特征对现代月季倍性育种的启示及其在种质创制中的可能应用……209

参考文献……211

第1章 香格里拉的地质历史及环境概况

1.1 横断山地区地质构造特征及演化历史

位于青藏高原东南缘即川藏高山峡谷区的横断山地区是一个多地块、多活动带的复合构造区，它既有相对稳定的地块，又有活动性较强的构造带。横断山地区有几条重要的构造界线，如怒江缝合带、金沙江构造带、甘孜—理塘构造带和澜沧江构造带，各带中都存在蛇绿岩，分别代表了已消失的一片海洋。大约两亿年前的印支运动，导致古地中海向西退缩，横断山地区自东北向西南逐渐脱离古地中海而上升隆起成陆。古地中海海洋板块向东北方向漂移、挤压，扬子板块受太平洋板块向西漂移、挤压而向西北方向位移，华北大陆板块向南抗峙，三组力的共同作用造成横断山地区的地质构造线呈南北向延伸。由于第三纪喜马拉雅造山运动的影响，特别是中新世喜马拉雅造山运动进入高潮，过去的老构造重新复活。上新世后期至第四纪初期（3.4~1.7Mya[①]），青藏高原发生大规模抬升，横断山地区中南部则由长期相对稳定转变为差异性隆升，形成一系列断陷盆地和谷地，纵向岭谷地貌逐渐发育。至上新世末期该地区的海拔已经达到2000m以上。早更新世晚期至中更新世早期（1.2~0.6Mya），横断山区中南部进入高原裂解和纵向岭谷形成阶段，该时期的青藏高原抬升至3000~3500m，大面积进入冰冻圈，形成了典型的冰川地貌特征（钟大赉和丁林，1996）。0.2Mya开始青藏高原抬升至目前的高度，处于东南缘的横断山地区发育间歇性抬升运动，表现为目前区内夷平面的海拔具有从西北向东南降低的趋势。在内动力地质作用的背景下青

---

① Mya：百万年前（million years ago）。

藏高原不断隆升，在近南北向断裂带的控制下差异抬升明显，山地抬升而断陷谷则不断下沉，从而形成纵向岭谷的基本特征。由于地壳的强烈不均衡隆升，区内各大江流域河流基准侵蚀面高度存在较大差异，致使河流袭夺现象时有发生。伴随河流深切等流水和冰川等外动力地质作用，最终形成了目前横断山地区纵向岭谷发育的高山峡谷地貌特征（图1-1）。纵向岭谷形成的根本原因是受到区域发育的南北向深大断裂的控制，而其最终的形成则依赖于新构造运动时期的地块差异抬升及各阶段的气候特征。

图1-1　横断山地区常见的高山峡谷地貌特征

1.2　香格里拉的由来及其自然地理和气候概况

　　人与自然和谐共处是人类永恒的梦想与追求。1933年英国作家James Hilton（詹姆斯·希尔顿）受19世纪末20世纪初众多西方学者和植物探险家特别是其好友Joseph Charles Francis Rock（约瑟夫·洛克）的影响，出版了著名的长篇小说《消失的地平线》（*Lost Horizon*）。小说以喜马拉雅以东藏汉交界区域为原型创造了"Shangri-La"（香格里拉）一词，并描绘了它所代表的优美、和谐及令人向往的人间天堂。香格里拉因此而成为人们的精神王国和美好理想的归宿。一些藏学专家经过广泛深入的考证后确认"Shangri-La"的词根就是藏语"香巴拉",意为"心中的日月"(陈思俊,2006)。可见,希尔顿笔下的理想净土香格里拉与香巴拉十分相似,但是香格里拉并不完全等同于香巴拉,两者产生的时代背景与文化土壤迥然不同。对于香格里拉,它在理论层面代表了人们渴求和向往富足、繁荣、安定、宁静的理念及精神世界(丁任重,2006),在现实层面,最接近其体现的内涵与精髓的地域是中国的滇西北、藏东南和川西南地区(徐柯健,2008)。

1995年以来,首先从新加坡开始掀起一股寻找香格里拉的热潮,包括尼泊尔,不丹,中国滇西北、川西和藏东南等在内的很多地方陆续宣称在当地找到了"香格里拉",或者被外界游客认为是"香格里拉"。20世纪末以来,中国国内从横断山区到青藏高原,但凡有雪山、峡谷、草甸、湖泊的涉藏地区各地相继列举出一些或相似或不同的证据,证明"香格里拉"就在自己的区域内。实际上,希尔顿从来没有到过香格里拉,"Shangri-La"一词其实是他想象出来的。1995年云南省迪庆藏族自治州率先在旅游宣传中使用了"香格里拉",1997年9月14日云南省人民政府宣布香格里拉就在中国云南省迪庆藏族自治州,2001年8月迪庆藏族自治州正式向国务院申报将州府所在地——中甸县更名为香格里拉县,理由是"这里的自然景色与小说中的描述最为接近:雪山林立,海拔4494m以上的雪山有7座,最高的巴拉格宗主峰5545m;气候干湿分明,四季明显,夏秋多雨,冬春干旱;区域内江河纵横,湖泊众多,水力资源丰富;森林茂密,草原辽阔,花草宜人;高山峡谷众多,壮丽雄奇;金碧辉煌、庄严肃穆的宗教建筑群中,有喇嘛寺、尼姑庵、清真寺、天主教堂、道观等。多民族、多宗教并存,是一片永恒、宁静的人间乐土"。2001年12月17日国务院批准将中甸县更名为香格里拉县。2014年12月16日,香格里拉撤县设市获得国务院批准,即现在的香格里拉市。

现在的香格里拉市,即原中甸县,是云南省迪庆藏族自治州的州府所在地,位于青藏高原东南缘著名的横断山"三江并流"世界自然遗产地腹地,北纬26°52′~28°52′、东经99°20′~100°19′。香格里拉市东、东北与四川省木里藏族自治县和稻城县相邻;东南、南、西南与丽江市玉龙纳西族自治县,西与迪庆藏族自治州维西傈僳族自治县、德钦县隔金沙江相望;西北及北边与四川省得荣县和乡城县交界。香格里拉市东西宽88km,南北长218km,总面积11 613km²,是云南省面积最大的县级市。境内总体地势为西北高、东南低,境内最高海拔5545m,最低海拔1503m,高差4042m,平均海拔3459m,93.5%的区域为山地。香格里拉的雪山、峡谷、草甸、湖泊确实让人体会到了"Shangri-La"犹如人间天堂般的优美、和谐及令人向往(图1-2~图1-6)。

图1-2 香格里拉夏日的雪山与森林

图1-3 香格里拉的湖泊

图1-4　香格里拉的河流与草甸

图1-5　香格里拉的草原

第 1 章　香格里拉的地质历史及环境概况

图1-6 秋日的哈巴雪山远景

香格里拉市偏离北回归线，海拔较高，全年气温较低，无夏季，年平均气温5.9℃，但日较差大，在干季气温的日较差可达30℃，具有"一天有四季"的特点。从气候类型来说，香格里拉市属北温带季风半湿润气候，主要受西南季风和南支西风气流的交替控制，干湿季分明。每年的6～10月为雨季，受西南暖湿气流影响，多阴雨天气，降水量占全年的80%。11月至次年5月为干季，受干暖的南支西风气流控制，降水量仅为全年的20%，晴天多，光照强，蒸发量大。由于山高谷深，气候随海拔升高而发生变化，平均气温随海拔的升高而递减。海拔1500～2100m的河谷地区年平均气温为14～17℃，海拔2100～3000m的山地年平均气温为8～14℃，海拔3000～3300m的高原坝区年平均气温为5～8℃，海拔4000～5000m的高山带年平均气温为－8～0℃，海拔5000m以上的雪山带年平均气温为－10～－8℃。最冷的1月，河谷地区的月平均气温为6～8℃，高原坝区为－6～－2℃，海拔4500m以上的高寒地带，月平均气温低于－10℃。最暖的7月，河谷地区的月平均气温为20～24℃，高原坝区为12～14℃。降水量方面，在海拔3600m范围内，每升高100m降水量增加20～40mm，最大降水量出现在海拔3400～3600m的地区，可达1000～1200mm。降水量分布以大中甸坝子（"坝子"指山间小盆地）为界，东南部山地的降水量为800～1000mm，河谷为600～800mm；西北部山地的降水量为400～600mm，河谷为300～400mm。因此，从海拔1503m的金沙江河谷到海拔5396m的哈巴雪山山顶，依次有河谷北亚热带、山地暖温带、山地温带、山地寒温带、高山亚寒带和高山寒带6个气候带，形成"一山分四季"的典型立体气候（云南省中甸县地方志编纂委员会，1997）。

香格里拉的土壤类型主要包括冲积土、山地红土、棕壤、高山草甸土、水稻土及高山寒漠土，且同种类型的土壤在不同程度的退化森林生态系统中理化性质有所差异。整体上冲积土位于境内海拔为1600～2200m的区域，分布于香格里拉西部及南部沿金沙江一带；山地红土分布于2000～2900m的缓坡区域；棕壤分布于3300～3500m，主要分布于中部的建塘、小中甸，北部的东旺和格咱，以及东南部的三坝，是林区的主要土壤；高山草甸土分布于2900～3500m的高原平缓地带，以小中甸、建塘、格咱及三坝为主要分布区，由冰湖沉积物发育而来，土层深厚，有机质及含水量较高，pH约5.3；水稻土主要分布于2500m以下的山间盆地及河流阶地两岸；高山寒漠土分布于雪山及高山流石滩等区域。

1.3　香格里拉的植物多样性

物种的演化和区系的分异与物种本身的进化机制、古地理及气候环境等综合因素密切相关。印度板块与欧亚板块碰撞导致的青藏高原隆升及邻近地区山脉的形成是第三纪以来的重要地质历史事件，极大地改变了亚洲大气环流的形势，导致了地球上最强大的季风系统的发生，并对北半球的环流产生重大影响，重新塑造着新生代的亚洲大陆板块，如青藏高原的抬升、东南亚地区（主要为马来半岛）的侧向逃逸，以及亚洲季风气候的盛行等。环境和气候的极大改变同时对生物的起源与演化产生了深刻的影响（孙航，2002）。

横断山及以西的喜马拉雅地区是我国生物多样性最特殊、最丰富的区域，更是全世界34个生物多样性热点地区之一（Myers et al.，2000）。该地区由于所处的古地理环境位置及特殊的地质历史变迁过程，古地中海、古南大陆和古北大陆三种区系成分汇聚于此。此外，由于在地质变迁过程中形成了复杂独特的自然地理和气候条件，横断山地区的物种区系不仅种类复杂繁多，特有现象突出，而且与世界其他各地区的生物区系有密切的联系。就植物而言，不同区系来源的植物在这里汇集、交流和分化，从而产生了大量新特有属种。据估计，横断山区植物种类在12 000种以上，约占全国植物种类27 150种的44.2%（代永东，2018）。

香格里拉市位于横断山地区的三江并流地区，是云南亚热带常绿阔叶林植被区向青藏高原高寒植被区过渡的地带，植被垂直分布明显，以中山湿性常绿阔叶林、暖温性针叶林、温凉性针叶林、寒温性针叶林、高山亚高山草甸等为代表。特殊的地理位置和自然环境，孕育了高原丰富的生物资源。全市境内有食用和药用真菌24科92种，维管植物224科4098种，其中苔藓植物36科144种，蕨类25科160种，种子植物163科876属3794种，包括裸子植物4科13属33种，被子植物中双子叶植物137科675属3106种、单子叶植物22科188属655种（李瑞年等，2013）。香格里拉蕴藏着大量高山、亚高山植物（图1-7~图1-10），素有"世界花园之母"之称，是杜鹃（*Rhododendron* spp.）、报春花（*Primula* spp.）、

图1-7 钟花报春（*Primula sikkimensis*）

图1-8 中甸角蒿（*Incarvillea zhongdianensis*）

龙胆（*Gentiana* spp.）等名花的分布中心和分化中心（云南植被编写组，1987）。据调查统计，香格里拉的野生高山花卉不下500种，被誉为云南八大名花的杜鹃、龙胆、报春花、绿绒蒿（*Meconopsis* spp.）、兰花（*Cymbidium* spp.）、百合（*Lilium* spp.）、山茶（*Camellia* spp.）和玉兰（*Magnolia* spp.）等均有分布，如杜鹃花属有87种，绿绒蒿属有12种，龙胆科（Gentianaceae）花卉58种，报春花科（Primulaceae）103种，兰科（Orchidaceae）71种，百合科（Liliaceae）70种，另有银莲花属（*Anemone* spp.）13种，乌头属（*Aconitum* spp.）30种，翠雀属（*Delphinium* spp.）25种，凤仙花属（*Impatiens* spp.）9种，紫菀属（*Aster* spp.）28种，点地梅属（*Androsace* spp.）16种，角蒿属（*Incarvillea* spp.）7种，鸢尾

图1-9 总状绿绒蒿（*Meconopsis horridula* var. *racemosa*）

属（*Iris* spp.）9种。在海拔1503～2900m的河谷和半山区生长着各种喜温湿的名花，如春兰（*Cymbidium goeringii*）、多花兰（*Cymbidium floribundum*）、虎头兰（*Cymbidium hookerianum*）、滇山茶（*Camellia reticulata*）、黄牡丹（*Paeonia delavayi* var. *lutea*）和滇藏玉兰（*Yulania campbellii*）等；在海拔3000～4000m的亚高山带是高山名花荟萃之地，有黄杯杜鹃（*Rhododendron wardii*）、钟花报春（*Primula sikkimensis*）、偏花报春（*Primula secundiflora*）、杓兰（*Cypripedium* spp.）、龙胆、百合、豹子花（*Lilium pardanthinum*）、总状绿绒蒿（*Meconopsis horridula* var. *racemosa*）、马先蒿（*Pedicularis* spp.）、鸢尾、高山紫菀（*Aster alpinus*）、金莲花（*Trollius chinensis*）及多种蔷薇（*Rosa* spp.）等；在海拔4000m以上的高山

图1-10 西藏杓兰（*Cypripedium tibeticum*）

灌丛草甸及流石滩，分布着许多横断山特有的观赏植物，如虎耳草（*Saxifraga stolonifera*）、玉龙蕨（*Polystichum glaciale*）、绵头雪兔子（*Saussurea laniceps*）、丛菔（*Solms-laubachia pulcherrima*）、垂头菊（*Cremanthodium reniforme*）、雪山杜鹃（*Rhododendron aganniphum*）和樱草杜鹃（*Rhododendron primuliflorum*）等（云南省中甸县地方志编纂委员会，1997；潘发生，1998）。

1.4 香格里拉的植物采集历史

欧洲人在中国的专业性植物采集开始于17世纪中叶，但对中国植物资源的认识则可追溯到13世纪后期。鸦片战争后，西方人在中国的大规模植物标本采集活动遍及全国各地。经初步统计，从17世纪中叶到20世纪的300多年里，外国人在中国的采集者包括传教士、外交官、商人和学者有记录的约316人，采集植物标本达121余万份之多。我国植物中70%以上种类的模式标本是由外国人采集的，保存于世界各大标本馆（王印政，2013）。

云南植物资源极其丰富，历来为中外植物学家所瞩目，有着较为悠久的植物标本采集和研究历史。早期的标本采集和研究人员主要是来自西方的探险家、传教士、园艺家、职业采集家等，他们出于学术或其他诸多目的，先后在云南采集了大量的植物标本、种子和活植株，这些材料被源源不断地送到欧美各国的标本馆和植物园。较早在香格里拉进行植物标本采集的是匈牙利人塞切尼（B.C. Széchenyi），他于1879年12月末至翌年1月在此采集了少量标本。法国传教士兼植物采集者德拉瓦伊（J.M. Delavay）于1882年7月到达大理，在云南的10余年间共采集了2万余份植物标本和种子，并将其送到巴黎博物馆。其后西方的植物采集者纷至沓来。1886年法国传教士苏理耶（J.A. Soulie）在德钦与贡山交界一带采集了7000余号标本并送到巴黎博物馆。1904~1931年，英国著名采集员福雷斯特（G. Forrest）分别于1904~1906年、1912~1914年、1917~1919年、1921~1923年、1930~1931年到香格里拉，采集了大量的植物标本，并搜集了上千种名花到英国栽培。1913年和1926年，英国人沃德（F.K. Ward）到香格里拉采走了大量的名花。奥地利植物分类学家韩马迪（F.H. Handel-Mazzett）分别于1914年7月和1915年4月两次到香格里拉考察并采集植物，是当时研究中国植物的权威专家。1920~1921年美国人J.F. Rock到云南后曾到香格里拉采集标本，其后于1922~1949年以丽江为基地，在包括香格里拉在内的滇川藏交界区采集植物标本和种子，并从事摄影和民俗研究活动。1921年瑞典植物分类学家斯米特（H. Smith）从越南河内到我国昆明并途经香格里拉等地最后至成都采集标本。

19世纪末至20世纪初，中国国内的学者开始研究本国的植物。自1932年起，我国植物学界的俞德浚和冯国楣分别于1937年和1940年到香格里拉进行标本采集，其中以冯国楣先生采集的植物标本尤为种类丰富、数量巨大。新中国成立后，我国又有更多的植物工作者到香格里拉进行考察和标本采集，其中最具代表性的是1959~1961年的南水北调综合考察及1981~1983年的横断山地区综合科学考察，均对香格里拉地区进行了集中考察和标本采集（中国植物学会，1994；包士英等，1998）。

第 2 章
中甸刺玫的发现、分类学特征及分类地位

根据目前的考古情况及出土文物可知，石器和青铜器时代迪庆高原就已经有人类活动（王晓松，1993）。由于独特的海拔、地形、气候及自然资源环境等条件，香格里拉的藏族具有自己特定的生产生活方式、宗教信仰和民族传统文化，形成了一整套与自然环境良性互动的生态文化体系（郭家骥，2003）。例如，传统民居在建造时常有"以树定院"的古俗，房屋围绕林木或在茂盛的森林中修建。此外，野生植物资源在当地居民的生计和文化中具有十分重要的作用，如当地藏族食用的野生植物有168种，约71.4%的植物同时还具有药用等其他用途，其中兼具食用和文化意义的植物有10种，包括云南沙参（*Adenophora khasiana*）、黄毛楤木（*Aralia chinensis*）、锥腺樱桃（*Cerasus conadenia*）、华山松（*Pinus armandii*）、清香木（*Pistacia weinmanniifolia*）、宝兴茶藨子（*Ribes moupinense*）、冰川茶藨子（*Ribes glaciale*）、中甸刺玫（*Rosa praelucens*）、黄泡（*Rubus pectinellus*）和云南榧树（*Torreya fargesii* var. *yunnanensis*），主要用于藏族的"煨桑"活动（Ju et al., 2013）。

煨桑寄托着藏族人民的情感与信仰，有独特讲究。在煨桑中所使用的植物被称为煨桑植物，其选用原则是无毒、具芳香味或燃烧产生的烟气具芳香味、外观漂亮等。虽然各地实际使用的煨桑植物在种类上存在一定程度的地域性差异，但对煨桑植物的使用均有严格的规定。

中甸刺玫则是香格里拉小中甸地区藏族的"很高级、很重要的"煨桑植物（李茂林和许建初，2007），藏语音为"呷拉梅朵"（Xialermiedu），意为"树花"。中甸刺玫的成熟果含有丰富的营养成分（何永华等，1997），可生吃，花朵作煨桑用，全株可供观赏（Ju et al., 2013），是著名的高山观赏花卉（Li and Zhou, 2005），主要分布在小中甸地区各村庄周围（图2-1），单独散生（图2-2）、多株簇生成片

图2-1 分布在村庄周围的中甸刺玫植株

图2-2 散生的中甸刺玫植株

（图2-3）或作绿篱（图2-4）。中甸刺玫是蔷薇属植物中唯一的大型直立树状灌木（图2-5），目前发现的最古老植株高可达15m左右，冠幅可达7m×8m，离地1.3m处全部分枝的总宽接近1m（图2-6），单花直径可达10～15cm。中甸刺玫种内花色艳丽且变异丰富，花型多样（图2-7），多数植株的花有着怡人的香味，具有很高的观赏价值。

图2-3　簇生成片的中甸刺玫

图2-4　作绿篱的中甸刺玫

图2-5　中甸刺玫的株型呈大型直立树状

图2-6　中甸刺玫古树离地1.3m处全部分枝的总宽接近1m

图2-7 中甸刺玫种内的花型和花色变化

2.1 中甸刺玫的发现与发表

　　拜豪威尔（J.T.P. Byhouwer）在美国阿诺德树木园标本馆从事中国蔷薇属植物研究时意识到中国西南的蔷薇与其他地区的蔷薇相比更不为人所知。当时的阿诺德树木园标本馆保存的大量未鉴定的蔷薇标本促使其对云南的蔷薇开展了专题研究。由于 G. Forrest、F.K. Ward、马伊雷（E.E. Maire）及其他人在云南采集的标本并未全部展示在阿诺德树木园标本馆中,J.T.P. Byhouwer在史密斯(W.W. Smith)教授的帮助下向英国爱丁堡皇家植物园标本馆借阅了大量的云南蔷薇属植物标本,并于1929年在 Journal of the Arnold Arboretum 第10卷发表了题为"An enumeration of the roses of Yunnan"的文章。文中首次以G. Forrest于1914年7月采集的保存于爱丁堡皇家植物园标本馆的12996号标本为模式标本(图2-8),发表了中甸刺玫这一新种(*Rosa praelucens*, spec. nov.)(Byhouwer,1929)。该标本的记录信息为株高1.2~1.8m,花香,深玫红色,新种的等模式标本为保存在阿诺德树木园标本馆中由G. Forrest于1917~1919年采集的16548号和16936号标本。Forrest的16548号和16936号标本与模式标本一致,只是叶片更大。模式标本的叶片长5~8cm,小叶片长1~2.5cm,宽0.6~1.4cm,而等模式标本的叶片长可达20cm,小叶片长可达5.5cm,宽可达2.3cm。

图2-8 中甸刺玫的模式标本

新种发表的拉丁文描述见图2-9。翻译为中文为:"中甸刺玫新种:灌木;枝粗大、光滑无毛,紫褐色,散生皮刺长1.0~1.5cm,基部膨大;小枝无刺。叶片有7~13小叶片,连叶柄长5~13cm或者可达20cm。小叶片倒卵形、倒卵状椭圆形或椭圆形，长1.4～2.0cm或者长达6cm，宽0.8～1.2cm或者可达2.3cm；先端圆，基部圆或偏斜，叶缘粗单锯齿或具不明显的腺状重锯齿；叶正面灰绿色，具短柔毛，背面灰色，具长柔毛，老叶具短柔毛，网脉突起。叶柄长2.5～4.5cm，被绒毛，小叶柄长1～2mm，具长柔毛。托叶贴生，狭窄，长1～2cm，离生部分耳状，长5～8mm，三角形至披针形，边缘有腺齿。花单生，红色，直径8cm；苞片叶状，较宽；花梗短粗，长可达6cm，光滑或有稀疏柔毛，有时具稀疏有柄的腺；萼筒扁球形，光滑或具绒毛，具有柄的腺点及较温和的刺；萼片卵状披针形，短于花瓣，基部边缘具腺齿，顶端叶状，锯齿状，两面密被绒毛，或者基部光滑易脱落；花瓣宽倒卵形，长4.5cm，边缘圆形或凹陷，外面光滑；雄蕊多数；柱头不外伸；蔷薇果扁球形，基部平截，绿色至棕色，具稀疏的刺，萼片直立宿存呈冠状，横径1.8cm，纵径长1.4cm"。

Rosa praelucens, spec. nov.
Frutex; rami crassi, glabri, annotini purpureo-brunnei, aculeis conformibus sparsis magnis 1–1.5 cm. longis basi dilatatis fuscis muniti; ramuli inermes. Folia 7–13 foliolata, petiolo incluso 5–13 vel ad 20 cm. longa; foliola obovata, obovato-elliptica vel ovalia, 1.4–2 vel ad 6 cm. longa et 0.8–1.2 vel ad 2.3 cm. lata, apice rotundata, basi rotundata vel obliqua, grosse simpliciter vel indistincte duplicato-serrata dentibus glandulosulis, supra obscure viridia, puberula, subtus cinerea, villosa vel in foliis maturis puberula, nervis vix elevatis; petioli 2.5–4.5 cm. longi, tomentosuli; petioluli 1–2 mm. longi, villosuli; stipulae adnatae, satis anguste, 1–2 cm. longi, auriculis divergentibus 5–8 mm. longis triangularibus vel lanceolatis, margine glanduloso-dentatis. Flores solitarii rubri, 8 cm. diam.; bracteae foliaceae, latae; pedicelli crassi, 6 cm. longi, glabri vel tenuiter tomentelli et interdum sparse stipitato-glandulosi; receptaculum depresso-globosum, glabrum vel laxe villosum, stipitato-glandulosum et leviter aculeolatum; sepala ovato-lanceolata, petalis paullo breviora, basim versus margine glanduloso-denticulata, apicem versus foliacea, serrata, utrinque dense villosa vel extus basin versus glabrescentia; petala late obovata, 4.5 cm. longa, rotundata vel emarginata, extus glabra; stamina numerosa; capitulum stigmatum sessile. Fructus depresso-globosus, basi truncatus, viridis vel brunneus, sparse aculeolatus, sepalis erectis persistentibus coronatus, sine calyce 1.8 cm. diam., 1.4 cm. longus.

图2-9 中甸刺玫新种发表时的拉丁文描述（Byhouwer，1929）

Byhouwer在发表中甸刺玫新种时还对其在蔷薇属中的分类地位作了以下补充说明（图2-10）：中甸刺玫生于中甸高原开阔地带的灌丛中，纬度为北纬27°30′，海拔2700～3000m。J. T. P. Byhouwer认为应将该美丽且花朵极大的蔷薇属植物置于小叶组（sect. *Microphyllae*），因为它满足以下特征：柱头离生、短，托叶贴生、不呈锯齿状、狭窄，花单生，萼筒具刺，扁球形。它与缫丝花（*R.*

roxburghii）易于区别，缫丝花的萼片更短且更呈羽状分裂，萼筒及蔷薇果的刺更多，小叶片通常较光亮，更多且更小，不具有中甸刺玫那样柔和的短柔毛。该新种在萼筒形状、花大小、叶片的毛和外观上让人想到玫瑰（*R. rugosa*），也许这是该物种与其桂味组同类之间的联系，从而与缫丝花相区别。

> Open situations amongst scrub, Chungtien plateau, lat. 27° 30′ N., alt. 2700–3000 m., *G. Forrest*, no. 12996 (type), July 1914 (shrub of 1.2–1.8 m., flowers fragrant, deep rose-pink) (E.); without precise locality, *G. Forrest*, nos. 16548 & 16936 in 1917–1919.
>
> This beautiful large-flowered rose belongs in the section Microphyllae Crep., as it agrees in the characters; styles free, short, stipules adnate, not laciniate, narrow, flowers solitary, receptaculum armed, depressed-globose. It is easily distinguished from *R. Roxburghii* Tratt, which has shorter, strongly pinnate sepals, a more prickly receptacle and fruit, often more numerous and smaller leaflets and which lacks the velvety pubescense of *R. praelucens*. In the shape of the receptacle, the size of the flower, the hairiness and appearance of the leaves this new species recalls *R. rugosa* Thunb., probably it forms a link between this species and its allies of the section Cinnamomeae DC. and the heretofore isolated *R. Roxburghii* Tratt. Forrest's nos. 16548 and 16936 agree well with the type except that the leaves are larger; in the type the leaves are 5–8 cm. long and the leaflets 1–2.5 cm. long and 6–1.4 cm. broad, while in the co-type the leaves are up to 20 cm. long and the leaflets up to 5.5 cm. long and to 2.3 cm. broad.

图 2-10　中甸刺玫新种发表时的补充说明（Byhouwer，1929）

2.2　中甸刺玫的分类学特征

2.2.1　蔷薇属植物的分类研究历史及形态分类进展

全世界有蔷薇属植物200种左右，由于杂交和多倍化的存在，野生种的分类很困难。由于月季在人类文明历史中的重要影响，自文艺复兴时期以来人们对月季的巨大兴趣就引发了对蔷薇属分类的多次尝试。在巴洛克时期直至18世纪早期人们主要通过野生或栽培、花瓣色泽两个性状来进行分类。1753年林奈（Carl von Linné）在《植物种志》（*Species Plantarum*）中指出了蔷薇属的杂交现象，认为蔷薇属植物很难分辨，定名则更难；并采用蔷薇果为特征进行分类，直到19世纪此法仍被广泛应用。1762年赫尔曼（Herrmann）指出：蔷薇属物种一方面由于缺乏特征而难以定名，另一方面则由于园艺活动已将物种间相互融合，几乎不可能再识别纯粹的野生种。1811年Willdenow指出皮刺、毛和腺的形态和有无也可作为物种的特征，从而产生了几个新分类系统，导致20世纪初蔷薇属物种剧增。但这些并不是对性状本质进行观察的结果，而是人类面对该属让人困惑的多样性而表现出的不确定性，特别是狗蔷薇组（sect. Caninae）（Wissemann，2003）。1940年Rehder将基于形态特征的蔷薇属分类推至巅峰，提出了直至目前仍被广泛采用的蔷薇属分类系统。该系统将蔷薇属分为单叶蔷薇亚属（Subgenus Hulthemia）、蔷薇亚属（Subgenus Eurosa）、小叶蔷薇亚属（Subgenus Platyrhodon）和微叶蔷薇亚属（Subgenus Hesperhodos），其中蔷薇亚属又分为10个组。2003年Wissemann对该系统进行了进一步的修订。这两个系统在亚属水平首先根据叶是否为单叶将单叶蔷薇亚属与其他亚属分开，其代表性种为波斯蔷薇（R. persica），然后根据萼筒上是否有刺、萼片是否羽裂且直立将小叶蔷薇亚属与其余亚属分开，代表性物种为缫丝花。我国1985年的《中国植物志》第三十七卷以及2003年的Flora of China，均根据Crépin于1889年在The Journal of the Horticultural Society of London发表的文章，将小叶蔷薇亚属作为一个组归并到了蔷薇亚属中。该分类系统认为小叶组与其他组相区别的关键特征是：萼筒杯状，密被刺；心皮着生在突起的萼筒基部。

2.2.2　中甸刺玫的形态特征

《中国植物志》第三十七卷中对小叶组的特征描述为：披散灌木，叶下有成对着生的皮刺。小叶5~9；托叶贴生于叶柄，狭窄，有锥形外耳。花1或2朵，或成复伞形花序，苞片小但早落，或无苞片。萼筒杯状，密被刺毛。萼片宿存，直立，有羽裂片或全缘。心皮着生在突起的萼筒基部；花柱离生，不外伸（中国科学院中国植物志编辑委员会，1985）。如前所述，Byhouwer在发表中甸刺玫这一新种时因其萼筒（蔷薇果）扁球状且具刺、花柱分离不外伸等性状而将其置于小叶组。

《中国植物志》第三十七卷和Flora of China对中甸刺玫的形态描述为：灌木高2~3m；小枝紫褐色、圆柱形、强壮（图2-11）；皮刺极少，散生、直立或刺尖弯曲成弧形，长可达1.5cm、粗大、扁平，逐渐锥形增大，到基部可达2cm长（图2-12，图2-13）。羽状复叶叶片连柄长5~13cm或者可达20cm；托叶大部贴生于叶柄，离生部分三角形或披针形，两面均有毛；叶轴和叶柄均被绒毛，具稀疏的短刺；小叶片7~13，倒卵形或椭圆形，长1~3.5（~6）cm，宽0.7~1.2（~2.3）cm，两面密被微柔毛，叶背沿脉具长绒毛，叶基部圆或宽楔形，叶缘上

图2-11　中甸刺玫的小枝紫褐色，圆柱形，强壮且刺少

图2-12　中甸刺玫的次级主枝及皮刺

第 2 章 中甸刺玫的发现、分类学特征及分类地位

图2-13　中甸刺玫的基部主枝及老皮刺

部1/2具单锯齿或具不明显的重锯齿，叶尖圆钝或锐尖（图2-14）。花单生，直径（5~）8~9cm（图2-15）；花梗长3~6cm，被绒毛，有时具稀疏腺毛；基部具苞片，呈叶状；萼筒扁球状，具毛和腺刺毛；萼片5，略短于花瓣，卵状披针形，叶片状，两面具绒毛状长茸毛，有时基部背面具腺毛（图2-16）。蔷薇果扁球形，黄绿色，外面散生针刺，萼片直立宿存（图2-17）（中国科学院中国植物志编辑委员会，1985；Ku and Robertson，2003）。

图2-14 中甸刺玫的羽状复叶

图2-15 中甸刺玫的花型、花瓣、雄蕊及柱头

图2-16 中甸刺玫的花梗、萼筒及萼片

图2-17 中甸刺玫的果及果梗

2.3 中甸刺玫的分类地位

2.3.1 蔷薇属植物的系统发育研究

如所有的植物类群一样，蔷薇属的分类系统最先是基于形态特征的，该分类系统的发展随着Rehder（1940）的分类系统的提出达到了顶峰。目前中国国内则主要采用《中国植物志》第三十七卷（中国科学院中国植物志编辑委员会，1985）和 Flora of China（Ku and Robertson，2003）的分类系统。植物的表型性状在环境条件改变时会受到严重的选择压力，在蔷薇属植物中这种选择压力常使遗传上分化的物种在相似的环境条件下表现出相似的性状，使同一物种在适应不同环境条件时表现出显著的形态差异（Koopman et al.，2008）。同时，又因为蔷薇属的种间杂交也很普遍，蔷薇属的分类实质上很困难，分类系统也比较混乱。随着科技的发展，分类学家开始采用其他多种手段来重建蔷薇属的系统，以使所建立的系统越来越定量化、精细且接近最真实的谱系关系。最初是考虑那些既可客观测量又对发育阶段和环境变化不敏感的性状，如染色体、植物化学成分如色素和芳香化合物、同工酶等（Fiasson et al.，2003）。自20世纪90年代开始，新的分子标记种类如随机扩增多态性DNA（RAPD）、DNA序列、简单重复序列（SSR）、扩增片段长度多态性（AFLP）以及DNA片段如内在转录间隔区（ITS）、*matK* 等，都被用在蔷薇属系统发育研究中（Koopman et al.，2008；Wissemann and Ritz，2005；Fougère-Danezan et al.，2015）以重建蔷薇属的分类系统。Koopman等（2008）利用AFLP分子标记，以来自全世界的蔷薇属4个亚属中的3个、蔷薇亚属10个组中的6个、狗蔷薇组（sect. *Caninae*）全部6个亚组的46种92份材料为研究材料进行系统发育研究，分别利用非加权组平均法（UPGMA）、Wagner简约法和贝叶斯推理重建物种间的系统关系。研究结果表明，4个亚属中单叶蔷薇亚属和小叶蔷薇亚属不应为亚属级别；卡罗莱那组（sect. *Carolinae*）应与桂味组（sect. *Cinnamomeae*）合并。关于蔷薇属系统分类的最新研究是Fougère-Danezan等（2015）利用叶绿体DNA片段（*psbA-trnH*、*trnL*、*trnL-trnF*、*trnS-trnG* 和 *trnG*）以及单拷贝核基因 *GAPDH* 对蔷薇属101个物种进行了系统发育重建，推断了属内的分化时间，重建了古老区域。该研究表明：传统分类所采用的亚属和组大多不是单系，通过5个叶绿体片段将蔷薇属分成了分别以桂味组和合柱组为代表的两个大支，以此为基础进行分化时间推断。以合柱组为代表的分支主要发生在亚洲和欧洲，欧洲起源的物种构成单系，而亚洲起源的物种构成了并系；以桂味组为代表的另一分支中较早分化出来的类群包括芹叶组、单叶蔷薇亚属、小叶蔷薇亚属、硕苞组、金樱子组及木香组，均只分布于亚洲。古老区域重建以及化石证据表明，亚洲和美洲是古老分布区，约30.1Mya以合柱组为代表的那一支的分布区从亚洲扩展到欧洲，然后在约17.4Mya到达北美东部。亚洲与其他区域的基因交换在约13.1Mya被打断，而欧洲和北美东部的基因交流一直持续到8.4Mya。尽管蔷薇亚属较早出现在美洲大陆，芹叶组和桂味组的祖先却严格地仅分布于亚洲，表明现存的美洲蔷薇中只有微叶蔷薇亚属是由于早期的广泛分布形成，其他的美洲物种是后来（13.4Mya左右）从亚洲再次迁移过去的。北美东部和西部之间的基因交流现在仍在持续。北美东部和亚洲之间的基因交流在约5.3Mya被打断，但北美西部和亚洲之间的基因交流持续到了4.1Mya。蔷薇属中没有发现东亚—北美间断分布现象。相反，北美东部的物种与北美西部或欧洲的物种之间紧密相关。非洲的 *R. abyssinica* 在9.3~6.9Mya从桂味组捕获了叶绿体基因组。欧洲的桂味组物种是亚洲的桂味组物种在2.5~0.6Mya迁移过去的。这些都说明亚洲在蔷薇属植物的演化过程中担当了基因蓄水池的作用。研究还指出，异源多倍化在稳定组间杂交后代的过程中起着重要作用。

2.3.2 中甸刺玫在蔷薇属的分类地位

在形态学上，小叶组的萼筒杯状，瘦果着生在基部凸起的花托上；而桂味组的萼筒坛状，瘦果着生在萼筒周边及基部（中国科学院中国植物志编辑委员会，1985）。但在已有文献中将中甸刺玫归于小叶组的原因并非基于小叶组与桂味组的根本区别——瘦果在萼筒内的着生方式，而是"花单生，萼筒有皮刺，扁球形，与小叶组的缫丝花相近"，并都认为它可作为小叶组与桂味组的中间连索，是两个组之间的过渡类型（Byhouwer, 1929；Brichet, 2003；Ku and Robertson, 2003）。随着分子技术的发展，人们尝试了应用多种手段来重建蔷薇属的系统，但由于采样的限制，中甸刺玫都未被用作研究材料之一。2003年，随着云南花卉产业特别是月季产业的飞跃发展，云南省农业科学院花卉研究所开始对包括蔷薇野生种、中国古老月季品种和现代品种等月季种质资源进行多方面的系统研究。唐开学（2009）、许凤等（2009）和邱显钦等（2009）应用SSR分子标记对部分蔷薇属植物进行了系统发育和亲缘关系研究，结果表明，基于SSR的聚类与传统的分类基本一致，中甸刺玫与同在小叶组的刺梨聚在一起。但唐开学（2009）和Qiu等（2012，2013）基于核糖体内在转录间隔区和叶绿体 *matK* 基因的研究结果却表明，中甸刺玫与桂味组的物种在分子系统树上同属于一个分支，相互间的亲缘关系更近。中甸刺玫的十倍体核型特征（Jian et al.，2010）及其在分子系统树上位置的不确定性，引起了更多的关注。Fougère-Danezan等（2015）的研究结果表明，中甸刺玫以较低的支持率（54%）与芹叶组的秦岭蔷薇（*R. tsinglingensis*）和刺毛蔷薇（*R. farreri*）以及合柱组的 *R. abyssinica* 聚为一支，然后再与桂味组的华西蔷薇（*R. moyesii*）、铁杆蔷薇（*R. prattii*）、扁刺蔷薇（*R. sweginzowii*）、刺梗蔷薇（*R. setipoda*）和大叶蔷薇（*R. macrophylla*）以82%的支持率聚在一起，中甸刺玫与其他种聚成的小支的分化时间约为3.0Ma。他们认为虽然中甸刺玫是缫丝花和桂味组至少一个种杂交（或多次杂交）后再多倍化形成的异源多倍体，但基于叶绿体DNA片段的系统树支持将中甸刺玫置于桂味组。邓亨宁（2015）的研究表明，基于5个叶绿体DNA片段，中甸刺玫与桂味组的物种聚在一起。虽然他也认为缫丝花参与了中甸刺玫的杂交物种形成，但在基于ITS和 *GAPDH* 所得的分子系统树中，中甸刺玫的不同克隆序列均不直接与缫丝花聚在一起。

以蔷薇科中苹果亚科的梨属（*Pyrus*）、石楠属（*Photinia*）、木瓜属（*Chaenomeles*）、火棘属（*Pyracantha*）、山楂属（*Crataegus*）、栒子属（*Cotoneaster*），李亚科的扁核木属（*Prinsepia*），绣线菊亚科绣线菊属（*Spiraea*），蔷薇亚科的棣棠花属（*Kerria*）、委陵菜属（*Potentilla*）、草莓属（*Fragaria*）和龙芽草属（*Agrimonia*）为外类群（outgroup），周玉泉（2016）利用ITS和单拷贝核基因——叶绿体表达的谷氨酰胺合成酶基因（*ncpGS*）以及5个叶绿体DNA（cpDNA）片段（*rbcL*、*atpA-atpH*、*trnH-psbA*、*trnL-F*、*rpl16*）对72种共93份（包括种、变种和变型）蔷薇属植物进行了分子系统学研究，发现不同来源的中甸刺玫在基于cpDNA片段联合分析的分子系统树中构成一个单系后再与桂味组的蔷薇聚在一起（图2-18）。然而，在基于ITS和 *ncpGS* 联合分析的分子系统树中，不同来源的中甸刺玫也组成一个单系，尽管支持率不高，但它们却先与黄刺玫聚在一起，然后再与金樱子和硕苞蔷薇构成一支（图2-19）。

为了明确中甸刺玫的系统位置，王开锦等（2018）利用5S rDNA（Akasaka et al.，2003）的克隆序列、4个cpDNA片段（*psbA-trnH*、*rbcL*、*rpl16* 和 *trnL-F*）以及AFLP分子标记研究了中甸刺玫及其他49种/变种的蔷薇属植物的亲缘关系。

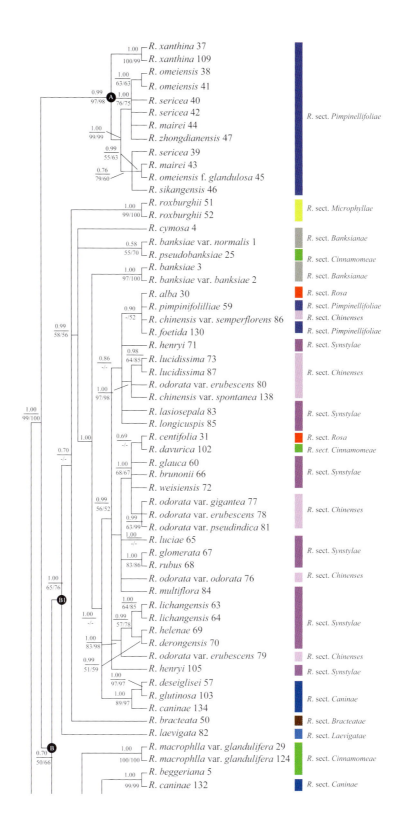

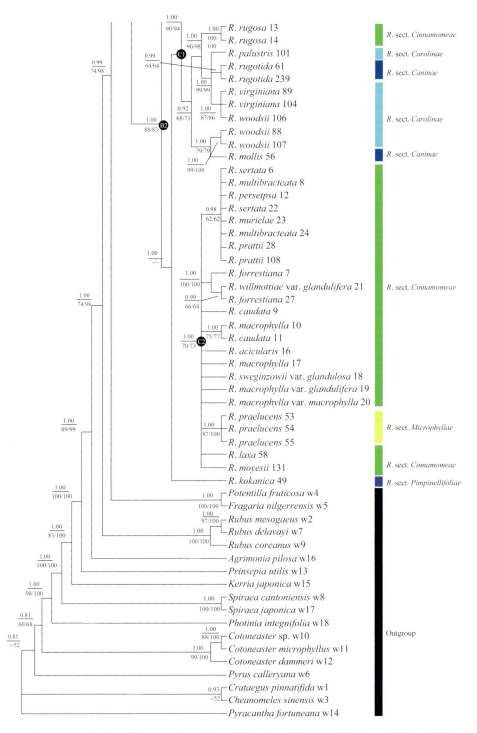

图2-18 基于叶绿体DNA片段联合分析的蔷薇属及其相关类群的50%严格一致树

分支上的数值代表贝叶斯后验概率（PP）值，分支下分别为最大简约（MP）树和最大似然（ML）树的靴带值（BS）

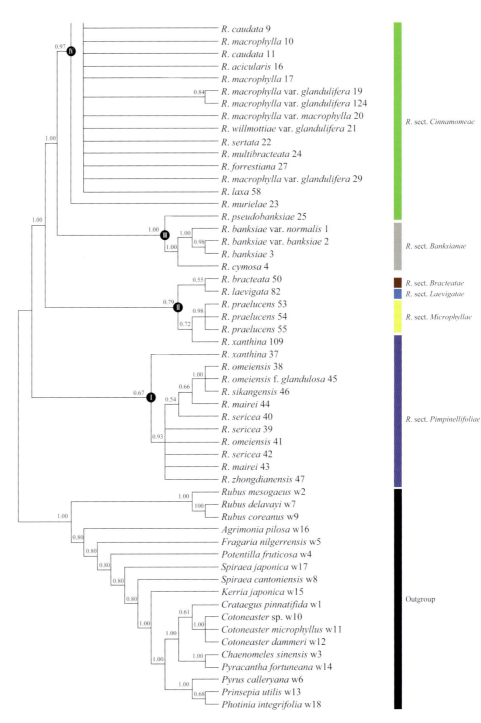

图2-19 蔷薇属基于ITS和*ncpGS*的50%严格一致树
分支上的数字代表贝叶斯法的后验概率（PP）

蔷薇属植物的5S rDNA序列长度为498～573bp，用于构建系统树的138条克隆序列构成的矩阵长708bp，共检测出312个碱基突变位点，简约信息位点254个。基于HKY+G模型的贝叶斯系统树表明中甸刺玫的9个个体、华西蔷薇、尾萼蔷薇（*R. caudata*）、西南蔷薇（*R. murielae*）和西北蔷薇（*R. davidii*）等桂味组的大部分蔷薇、芹叶组的细梗蔷薇和求江蔷薇形成一个大分支。来自不同居群的中甸刺玫的几乎所有克隆序列与细梗蔷薇和华西蔷薇的所有克隆序列以92%的支持率构成一个小分支。有1条中甸刺玫的克隆序列与多腺小叶蔷薇、西南蔷薇、钝叶蔷薇、尾萼蔷薇、刺蔷薇及腺叶扁刺蔷薇（*Rosa sweginzowii* var. *glandulosa*）的部分克隆序列聚成第二个小分支，但支持率较低。另有1条中甸刺玫的克隆序列单独形成一个小分支（王开锦等，2018）。

4个cpDNA片段中*rbcL*、*rpl16*和*trnL-F*相对保守，*psbA-trnH*变异较大。*rbcL*矩阵长635bp，有14个碱基突变位点，无插入/缺失，简约信息位点6个。*rpl16*矩阵长932bp，有39个碱基突变位点，4个插入/缺失，简约信息位点19个。*trnL-F*矩阵长930bp，有38个碱基突变位点，3个插入/缺失，简约信息位点18个。*psbA-trnH*矩阵长443bp，有93个碱基突变位点，9个缺失/插入，简约信息位点50个。4个片段联合分析的矩阵长2969bp，有153个碱基突变位点，17个缺失/插入，简约信息位点68个。基于K81uf+G模型的4个cpDNA片段构建的贝叶斯系统树显示，中甸刺玫的9个个体与除粉蕾木香（*R. pseudobanksiae*）外的所有桂味组蔷薇如西南蔷薇、西北蔷薇、大叶蔷薇和华西蔷薇等及芹叶组的细梗蔷薇以100%的支持率形成一个大的分支。其中，中甸刺玫9个代表性个体中的8个以94%的支持率形成一个小分支；另一个代表性野生个体与桂味组的蔷薇构成另一个小分支。

基于荧光AFLP产物的毛细管电泳所得的0-1矩阵，6对选择性扩增引物共扩增得到727条条带，其中多态性条带724条，多态率为99.6%。聚类分析的结果表明，中甸刺玫与除粉蕾木香外的所有桂味组蔷薇、芹叶组的细梗蔷薇聚为一个分支，在相似性系数约为0.464的时候与其他蔷薇分开，形成一个独立的支系（图2-20）。

因此，基于5S rDNA和cpDNA片段的分子系统树和基于AFLP的聚类结果均表明，中甸刺玫位于桂味组物种所在的分支内，与桂味组的亲缘关系更近。这与前人（唐开学，2009；Qiu et al.，2013；Fougère-Danezan et al.，2015）的研究结果基本一致。实际上，除了果扁球形且表面有刺而与缫丝花的果相似外，中甸刺玫的其他形态特征、高倍性和高海拔分布的特点都与桂味组的多倍体蔷薇种类相似，与二倍体的缫丝花相去甚远。因此，应将中甸刺玫从原来的小叶组移至桂味组。

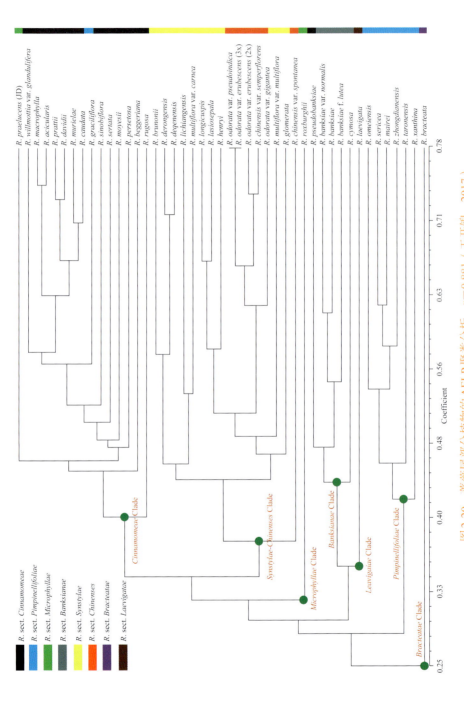

图2-20 蔷薇属部分植物的AFLP聚类分析，$r=0.881$（王开锦，2017）

JD，保存在花卉研究所基地的中甸刺玫个体；3x，三倍体；2x，二倍体；Coefficient，聚类系数

2.4 小　　结

中甸刺玫是香格里拉小中甸地区藏族的重要的煨桑植物，藏语音为"呷拉梅朵"，意为"树花"，被当地藏民尊为"神树"。中甸刺玫也是重要的食果植物资源和著名的高山花卉，具有很高的观赏价值。1929年J.T.P. Byhouwer以G. Forrest采集的、保存于爱丁堡皇家植物园标本馆的12996号标本为模式标本，发表了该新种，并根据"花单生，萼筒有皮刺，扁球形，与小叶组的缫丝花相近"等形态特征将其归为蔷薇属小叶组。随着分子技术的发展，人们尝试了应用多种手段来重建蔷薇属的系统。中甸刺玫的十倍体核型特征及其在分子系统树上位置的不确定性，引起了更多的关注。基于叶绿体基因片段、5S rDNA、ITS和 $ncpGS$ 序列联合分析，以及AFLP聚类的结果均表明，中甸刺玫在分子系统树上位于桂味组物种所在的分支内，与桂味组的亲缘关系更近。因此，根据蔷薇属植物分子系统研究的结果，结合除果形以外的中甸刺玫的其他形态特征、高倍性和高海拔分布的特点，建议将中甸刺玫从原来的小叶组移至桂味组。

第3章
中甸刺玫的地理分布及种群现状

物种的地理分布是长期适应自然环境的结果。自然环境的改变往往影响植物的生存和正常生长发育,其分布区和群体数量常随着环境变化而改变。近年来,受全球气候变暖和人类活动的影响,极端恶劣气候频繁发生,加剧了对植物生存环境及其分布的影响。特有植物是生物多样性保护的重要对象(黄继红等,2013)。监测物种的种群现状是保护生物学的核心内容之一,常用于小种群物种的保护(Andreou et al., 2011),而关于种群现状的数据也可作为今后保护状况的基准(Ayele et al., 2011)。掌握了种群的生存现状才能为保护提供基础数据。

中甸刺玫是云南省香格里拉市的特有植物(Ku and Robertson, 2003;汪松和解焱,2004;周丽华和徐廷志,2006),是蔷薇属植物中仅有的大型直立树状灌木。中甸刺玫单花直径可达10~15cm,花色艳丽且变异丰富,具极高的观赏价值,是重要的高山观赏花卉和耐低温的月季种质资源(Li and Zhou, 2005;白锦荣等,2009;邓菊庆等,2013;李树发等,2013),也是目前唯一有报道的蔷薇属自然存在的最高倍性——十倍体植物(Jian et al., 2010)。中甸刺玫的果实含有丰富的营养成分,还可供食用(曹亚玲等,1996)。然而,因"分布地点少于5个,分布狭窄",中甸刺玫2004年被《中国物种红色名录 第一卷 红色名录》列为"易危"植物(汪松和解焱,2004),2013年和2017年分别被《中国生物多样性红色名录——高等植物卷》和《中国高等植物受威胁物种名录》列为极危植物(环境保护部和中国科学院,2013;覃海宁等,2017),但在2020年又被《中国生物多样性红色名录——高等植物卷(2020)》列为"濒危"植物(生态环境部和中国科学院,2020)。2021年,中甸刺玫被国家林业和草原局列为国家二级重点保护野生植物(http://www.forestry.gov.cn/main/3954/20210908/163949170374051.html)。中甸刺玫主要分布于香格里拉市的小中甸坝子和热水塘坝子,呈小规模集中分布或零星散生在草甸边缘、溪边或藏民庭院，对其采取相应的保护措施已非常紧迫。

关文灵等（2012）通过实地踏勘及民间访问，对中甸刺玫的地理分布和资源现状进行了调查。结果表明中甸刺玫的地理分布区域十分狭窄，且呈零星或小片状间断分布；在12个分布地共观测到172株（含幼树）个体。种群规模小，各分布地个体数差异大，最大的居群（香格里拉市塘坯村）有56株，最小的4个居群（香格里拉市小中甸镇的诺娜坡、基公、贡巴和四伟）仅有1株。老龄植株较多，幼龄个体数量稀少，种群处于衰退期。潘丽蛟等（2012）在此基础上采用样方调查法对中甸刺玫的群落特征进行分析，结果表明中甸刺玫群落中有维管植物24科71属97种，其中，蕨类植物2科5属6种，裸子植物1科1属1种，被子植物21科65属90种。被子植物中，单子叶植物2科6属13种，双子叶植物19科59属77种。乔木层14种，灌木层88种，草本层38种。群落的叶级谱以革质、单叶、全缘、中型叶为主。潘丽蛟等（2018）还报道了基于10个样方的中甸刺玫的种群结构和空间分布格局，结果表明中甸刺玫种群属于衰退型，种群更新慢；种群基本遵循聚集分布的格局，存活曲线属于Deevey分类的Ⅲ型。

由此可见，前人关于中甸刺玫的地理分布、群落特征及种群结构研究的样本数较少，仅限于小中甸镇周围的10个集中分布点。作为一种珍稀特有且已处于极危状态的十倍体月季种质资源和高山花卉，中甸刺玫的分布和种群现状究竟如何仍然是不得而知的。因此，我们在2007~2013年对云南香格里拉进行蔷薇野生资源调查掌握的中甸刺玫的物候、分布和种群数量的基础上，于2014年6月中旬至7月初中甸刺玫的花期对大中甸坝子、小中甸坝子、热水塘坝子的村庄及周围山地的可能分布地点进行了全面调查。用GPS观测记录每一株的地理信息，包括行政区划、经纬度和海拔，同时记录每一植株的株高、冠幅、花色和花瓣数等基本形态特征，以及周围新生植株（<50cm的幼苗）的数量和分布情况。在全面调查的基础上制作其详细的地理分布图，并统计原生地的气候及土壤等基本信息。同时，分别采用株高和冠幅作为度量中甸刺玫年龄大小级的指标，把所有调查到的中甸刺玫（含人工引种保存的个体）作为一个种群进行分析，将全部个体分别按株高和冠幅划分为7个龄级（表3-1），绘制中甸刺玫现存植株的株高龄级和冠径龄级结构图，并制作现存所有植株的生命表（周玉泉等，2016）。

表3-1 中甸刺玫株高和冠幅龄级的划分标准

龄级	Ⅰ级	Ⅱ级	Ⅲ级	Ⅳ级	Ⅴ级	Ⅵ级	Ⅶ级
株高（H）/m	<0.5	0.5^*~2.0^{**}	2.0^*~3.5^{**}	3.5^*~5.0^{**}	5.0^*~6.5^{**}	6.5^*~8.0^{**}	≥8.0
冠幅（Cr）/m	<0.2	0.2^*~1.5^{**}	1.5^*~3.5^{**}	3.5^*~5.5^{**}	5.5^*~7.5^{**}	7.5^*~9.5^{**}	≥9.5

注：*表示含，**表示不含。

3.1　中甸刺玫原生地的自然概况

3.1.1　中甸刺玫原生地的气候特征

中甸刺玫原生于我国滇西北迪庆藏族自治州香格里拉市小中甸镇和建塘镇境内的小中甸坝子、热水塘坝子与大中甸坝子及其周围山地，位于东经99°38′~99°68′、北纬27°26′~27°54′，海拔3000~3450m。原生地属北温带高原季风型半湿润气候，干湿季分明，年降水量为600~800mm。6~10月，受西南暖湿气流影响，阴雨天气多，降水量占全年的80%，形成湿季；11月~翌年5月，受干暖南支西风急流的控制，降水量仅占全年的20%，晴天多，蒸发量大，形成干季。全年日照时数平均为2050~2190h，太阳辐射总量为133.650kcal/cm^2（1kcal=4.1868kJ），最大值出现在5月，为13.733kcal/cm^2；夏季6~8月的辐射总量占全年总量的约25%，为32.6kcal/cm^2。全年无霜期约124天，冰冻期110天左右，积雪期半年左右；年平均气温5~6℃，最热月7月，月平均气温12~14℃；最冷月1月，月平均气温-4~-3.6℃。大于或等于10℃的积温1810~2050℃，日平均温度大于或等于10℃的初日出现在5月底6月初，终日在9月，持续120~128天；大于15℃的日数极少。中甸刺玫原生地全年的气候条件见表3-2。

表3-2　中甸刺玫原生地的气候条件

月份	温度/℃			平均降水总量/mm
	日最低温	日最高温	日平均温度	
1	-11.1	6.4	-3.8	7.7
2	-7.4	6.7	-1.6	15.4
3	-3.9	9.4	1.7	28.3
4	-0.7	12.7	5.2	29.2
5	3.2	16.8	9.2	29.9
6	8.3	19.1	12.6	81.3
7	9.7	19.2	13.2	154.4
8	9.1	18.9	12.5	149.7
9	7.3	17.5	11.1	79.1

续表

月份	温度/℃			平均降水总量/mm
	日最低温	日最高温	日平均温度	
10	1	14.6	6.5	43.4
11	−6.1	11	0.8	9.8
12	−10.8	8.4	−2.9	4.5
合计				632.7

3.1.2 中甸刺玫原生地的土壤及天然植被

中甸刺玫原生的小中甸坝子、热水塘坝子与大中甸坝子的土壤为亚高山草甸土，pH 5.2～6.8，有机质含量3.5%，有效氮110～130mg/kg，有效磷2～5mg/kg，有效钾80～105mg/kg，氮、钾高，钙含量适中，镁、硼含量较低。土壤腐生性与分解性微生物活动由于气温低而受到抑制，土壤供肥力低。当地的植被类型为亚高山草甸，主要有中甸山楂（*Crataegus chungtienensis*）、山杨（*Populus davidiana*）、高山柳（*Salix takasagoalpina*）、滇杨（*Populus yunnanensis*）、云杉（*Picea asperata*）、长刺茶藨子（*Ribes alpestre*）、丽江山荆子（*Malus rockii*）、粉花绣线菊（*Spiraea japonica*）、矮醋栗（*Ribes humile*）、杜鹃（*Rhododendron simsii*）、铺地柏（*Juniperus procumbens*）、锦鸡儿（*Caragana sinica*）、高山小檗（*Berberis alpicola*）、绢毛蔷薇（*Rosa sericea*）、大叶蔷薇（*Rosa macrophylla*）、细梗蔷薇（*R. graciliflora*）、川滇雀儿豆（*Chesneya polystichoides*）、紫雀花（*Parochetus communis*）、川滇高山栎（*Quercus aquifolioides*）、粗茎秦艽（*Gentiana crassicaulis*）、红波罗花（*Incarvillea delavayi*）、瑞香狼毒（*Stellera chamaejasme*）、川续断（*Dipsacus asperoides*）、缘毛紫菀（*Aster souliei*）、大戟狼毒（*Euphorbia pekinensis*）、鸢尾（*Iris tectorum*）、云南银莲花（*Anemone demissa* var. *yunnanensis*）、草血竭（*Polygonum paleaceum*）、点地梅属（*Androsace*）、云南金莲花（*Trollius yunnanensis*）、中甸龙胆（*Gentiana chungtienensis*）、偏翅唐松草（*Thalictrum delavayi*）、翠雀花（*Delphinium grandiflorum*）、倒提壶（*Cynoglossum amabile*）等，以及百合属（*Lilium*）、铁线莲属（*Clematis*）的多种植物。

3.2 中甸刺玫的种群分布现状

3.2.1 人工群体的分布现状

由于中甸刺玫具有较强的观赏性和稀有性，其观赏价值和保存价值越来越受到有关单位、企业和私人的关注。位于大中甸坝子及其周围山地的云南格桑花卉有限责任公司（以下简称格桑花卉公司）、香格里拉高山植物园、香格里拉市城区少数街道及少部分藏民家，以及位于小中甸坝子的联合村祝公苗圃，从野外直接采挖引种了一些植株进行保存，其中格桑花卉公司和香格里拉市城区藏民家中保存的中甸刺玫植株更特别，常具有更高的观赏价值。格桑花卉公司保存有大植株20株，多为早年移栽，目前生长较好（图3-1～图3-4）。此外，格桑花卉公司还通过嫁接和实生种子播种扩繁了一些小苗供在高海拔地区的城镇绿化美化试验用（图3-5，图3-6）。高山植物园有近几年来新移植的中小型植株26株，由于立地条件较差，植株普遍生长不良（图3-7～图3-9）。祝公苗圃的19株

图3-1 格桑花卉公司保存的中甸刺玫白花植株

图3-2　格桑花卉公司保存的中甸刺玫浅粉花植株

图3-3　格桑花卉公司保存的中甸刺玫粉红花植株

图3-4　格桑花卉公司保存的中甸刺玫半重瓣植株

图3-5　格桑花卉公司繁殖的中甸刺玫小苗

图3-6　格桑花卉公司繁殖的中甸刺玫小苗

图3-7　高山植物园保存的中甸刺玫植株

图3-8 高山植物园保存的中甸刺玫植株

图3-9 高山植物园保存的中甸刺玫植株

为2011年采挖来，植株较小，生长不良（图3-10）。此外，香格里拉城区的单位（图3-11）和居民家（图3-12，图3-13）零星分布的植株累计有4株，都较大，估计为早年从野外直接采挖或为宅基地原有植株保存而来。总之，中甸刺玫人工种植保存在格桑花卉公司、香格里拉市城区以及高山植物园等大中甸坝子及其周围地区的植株均可正常开花结实及繁殖，分布范围为海拔3240~3349m，东经99°38′18″~99°42′29″、北纬27°49′25″~27°53′49″。

图3-10　祝公苗圃保存的中甸刺玫小植株

3.2.2　自然群体的分布现状

中甸刺玫的自然分布点（以自然村为单位）共有44个（周玉泉等，2016），植株623株，其中株高不足50cm的幼苗共61株。中甸刺玫自然分布在香格里拉市小中甸镇沿硕多岗河的狭长地带内。南北方向从最北的联合村四伟（北纬27°41′04″）到最南的团结村吉沙（北纬27°26′19″），长约25km；东西方向从最东的和平村月浪（东经99°52′31″）到最西的联合村诺娜坡（东经99°43′28″），宽约18km。中甸刺玫的自然分布海拔范围3154~3434m。自然分布的生境主要为村边、地边、河岸及山坡等，上百年的植株主要生长在村边、草甸边及河岸，花

图3-11　香格里拉市城区某单位保存的中甸刺玫植株

图3-12　香格里拉市城区居民家保存的中甸刺玫植株

图3-13 香格里拉市城区居民家保存的中甸刺玫植株

第 3 章 中甸刺玫的地理分布及种群现状

繁叶茂，仍保持较强的生长势（图3-14～图3-16）。生长在山坡的植株长势较弱，枯死老枝较多（图3-17）。在植株数量上，个体数超过15株的分布点有8个，其

图3-14　分布在村边的中甸刺玫

图3-15　分布在草甸边的中甸刺玫

图3-16　分布在河岸的中甸刺玫

图3-17　分布在山坡上的中甸刺玫

中植株数最多的是胡批，共有130株，而布西、四伟等9个分布点仅各有1株成年大植株分布。在分布特征上，数量较多的分布点植株常连片分布，幼苗和小植株相对较多，如胡批、乃司、塘坯等地；而大多数分布点仅有1至几株成年植株，几乎没有更新情况。在植株形态上，个体数多的分布点其植株的表型如花型和花色丰富，变异较大，个体数较少的分布点内植株表型较一致。

3.3　中甸刺玫的年龄结构

中甸刺玫在Ⅱ龄级至Ⅴ龄级的个体数较多，幼苗和老年个体较少（周玉泉等，2016）。除幼苗（Ⅰ级：$0<H<0.5m, 0<Cr<0.2m$）和幼树（Ⅱ级：$0.5m\leq H<2.0m，0.2m\leq Cr<1.5m$）外，中甸刺玫的种群个体数总体上随高度和冠幅的增加而减少，幼苗和幼树占整个种群数的比例为39.3%（株高）或37.4%（冠幅），中年植株（Ⅲ级～Ⅴ级）所占的比例为55.6%（株高）或59.3%（冠幅），老年植株［Ⅵ级（$6.5m\leq H<8.0m, 7.5m\leq Cr<9.5m$）和Ⅶ级（$H\geq 8.0m, Cr\geq 9.5m$）］所占的比例为5.1%（株高）或3.3%（冠幅）。由此可见，中甸刺玫的种群年龄结构在一段时间内比较稳定，但由于幼苗和幼树较少，种群长远来说处于衰退状态。

3.4　中甸刺玫的静态生命表

中甸刺玫在幼苗时的标准化死亡数（d_x）、死亡率（q_x）和致死力（k_x）都为负数（表3-3，表3-4），幼树在基于冠幅龄级的种群静态生命表中的标准化死亡数、死亡率和致死力也为负数，说明种群的幼龄个体比较缺乏，这与种群年龄结构基本一致。在基于冠幅龄级的种群静态生命表中，中甸刺玫成年后的死亡率随着龄级的增加而增加。而在基于株高龄级的种群静态生命表中，中甸刺玫在幼苗及Ⅳ龄级时的标准化死亡数、死亡率和致死力为负数，Ⅱ至Ⅳ龄的死亡率随着龄级的增加而降低，Ⅳ龄后则随着龄级的增加而增加。

表3-3　中甸刺玫基于冠幅龄级的种群静态生命表（周玉泉等，2016）

龄级	标准	a_x	l_x	d_x	q_x	L_x	T_x	k_x	e_x	$\ln l_x$
Ⅰ	0＜Cr＜0.2m	71	333	−549	−1.65	607.98	3082.16	−0.97	9.25	5.81
Ⅱ	0.2m≤Cr＜1.5m	188	883	−117	−0.13	941.31	2474.18	−0.12	2.80	6.78
Ⅲ	1.5m≤Cr＜3.5m	213	1000	362	0.36	819.25	1532.86	0.45	1.53	6.91
Ⅳ	3.5m≤Cr＜5.5m	136	638	347	0.54	464.79	713.62	0.79	1.12	6.46
Ⅴ	5.5m≤Cr＜7.5m	62	291	207	0.71	187.79	248.83	1.24	0.85	5.67
Ⅵ	7.5m≤Cr＜9.5m	18	85	66	0.78	51.64	61.03	1.50	0.72	4.44
Ⅶ	Cr≥9.5m	4	19	19	1.00	9.39	9.39	2.93	0.50	2.93

注：x，单位时间年龄等级的中值；a_x，龄级内现有个体数；l_x，标准化存活个体数（转化为1000）；d_x，标准化死亡数；q_x，死亡率；L_x，存活的个体数；T_x，从x龄级到超过x龄级的个体总数；k_x，致死力；e_x，生命期望寿命。

表3-4　中甸刺玫基于株高龄级的种群静态生命表（周玉泉等，2016）

龄级	标准	a_x	l_x	d_x	q_x	L_x	T_x	k_x	e_x	$\ln l_x$
Ⅰ	0＜H＜0.5m	73	367	−633	−1.73	683.42	3293.97	−1.00	8.98	5.90
Ⅱ	0.5m≤H＜2.0m	199	1000	256	0.26	871.86	2610.56	0.30	2.61	6.91
Ⅲ	2.0m≤H＜3.5m	148	744	161	0.22	663.32	1738.70	0.24	2.34	6.61
Ⅳ	3.5m≤H＜5.0m	116	583	−25	−0.04	595.48	1075.38	−0.04	1.84	6.37
Ⅴ	5.0m≤H＜6.5m	121	608	442	0.73	386.93	479.90	1.30	0.79	6.41
Ⅵ	6.5m≤H＜8.0m	33	166	156	0.94	87.94	92.97	2.80	0.56	5.11
Ⅶ	H≥8.0m	2	10	10	1.00	5.03	5.03	2.31	0.50	2.31

注：x，单位时间年龄等级的中值；a_x，龄级内现有个体数；l_x，标准化存活个体数（转化为1000）；d_x，标准化死亡数；q_x，死亡率；L_x，存活的个体数；T_x，从x龄级到超过x龄级的个体总数；k_x，致死力；e_x，生命期望寿命。

中甸刺玫基于株高龄级的静态生命表表明其在幼苗成为幼树时的标准化存活个体数最大，从幼树到Ⅳ龄级其存活数呈下降趋势，Ⅳ龄至Ⅴ龄其标准化存活个体数略为上升，此后则快速下降。基于冠幅龄级的静态生命表则是在植株成年（Ⅲ龄）后存活数急剧下降。

3.5　小　结

中甸刺玫为香格里拉的特有植物，分布区十分狭窄，个体数量非常有限，大多数分布点没有后代更新，现存野生植株个体数仅有623株，虽然种群在近期内处于稳定状态,但由于幼龄个体比较缺乏,从长远来说其种群处于衰退状态。中甸刺玫的自然分布海拔为3154～3434m。除了数量稀少、分布区狭窄外,中甸刺玫主要分布于香格里拉小中甸镇的藏民聚居区,受人为活动干扰较大。因此,对中甸刺玫这一特有极危植物,有必要根据其分布和种群现状采取保护措施。一方面,加强对现有野外群体、仅存个体及其生境的保护,减少对现有植株的人为挖掘破坏,使其能够通过实生种苗或根蘖等方式实现自然更新。另一方面,加强对其遗传多样性、种子萌发生理及无性扩繁技术等的研究,根据不同分布点植株的遗传分化情况,在有限的物力和财力条件下,在适宜的地点建立迁地保护区(植物园或资源圃),最大可能地保存具有较大遗传多样性的种群或具特殊表型性状的个体。此外,由于中甸刺玫的观赏性强,且既可以引种到海拔较低的昆明等地(李树发等,2013),也可以在拉萨等海拔较高的地方进行引种,因此,还应在解决了人工扩繁技术问题的基础上加强对其栽培和园林造景技术的研究,促进可持续开发利用。

第 4 章

中甸刺玫的农艺性状及表型多样性

农艺性状（agronomic traits）是农作物具有的与农业生产或栽培活动有关的生物学性状，尤其是经济性状如株高、分蘖力、结实率等，是鉴定作物品种生产性能的重要标志（刘思衡，2001）。农艺性状的鉴定和描述是研究作物种质资源的基本方法和途径（Qiu et al., 2013）。生产上既要淘汰不良的农艺性状，又要保持优良的农艺性状，防止退化。表型数据可以直观有效地表现出种质资源的特征，保存种质资源是为了对其各表型性状进行利用。物种的表型多样性是遗传多样性与环境多样性的综合体现（明军和顾万春，2006），表型多样性指标也可用于物种的保护和驯化研究（Ayele et al., 2011）。因此，通过对种质资源的农艺性状和表型多样性进行鉴定分析，可了解种质资源的丰富度和独特性，在掌握性状间的相关性的同时，还可为种质资源的进一步开发利用奠定基础。

中甸刺玫花大色艳，深受当地老百姓和旅游者的喜爱，是香格里拉著名的园林观赏植物之一，也是进行蔷薇和现代月季多倍体育种及抗寒性育种的重要种质资源，具有较大的开发潜力。在农艺性状方面，曹亚玲等（1996）指出中甸刺玫的平均单果重8.76g，最大单果重16.97g，可食用部分占比76.32%，果肉含水量75.03%，维生素C含量1703mg/100g，胡萝卜素含量0.26mg/100g，维生素E含量2.45mg/100g，单株产果量可达20~50kg，是一种非常重要的食果资源和遗传育种材料。Qiu等（2015）对50份蔷薇进行白粉病抗性鉴定时，发现中甸刺玫对不同来源的5个白粉病菌（*Podosphaera pannosa*）生理小种的相对抗性指数分别为0.09、0.15、0.12、0.27和0.17，均表现出高感。郭艳红等（2021）在对46份蔷薇野生资源进行黑斑病抗性鉴定时，发现中甸刺玫对黑斑病致病菌——蔷薇盘二孢（*Marssonina rosae*）在田间接种的相对抗性指数为0.72，室内接种的相对抗性指数为0.77，表现出高抗。范元兰等（2021）在对75份月季种质资源进行蚜虫的抗性鉴定时发现，中甸刺玫接种蔷薇长管蚜（*Macrosiphum rosae*）后的蚜情指数为0.18，表现出高抗。邓菊庆等（2013）测定了中甸刺玫－30～－5℃低温胁迫下叶片相对电导率（REC）、可溶性蛋白含量、可溶性糖含量及丙二醛（MDA）含量等抗寒性生理指标，并利用逻辑斯谛方程（logistic equation）拟合低温半致死温度和枝条恢复生长试验对抗寒性进行评价。结果表明中甸刺玫的半致死温度可达－26.19℃，具有极强的耐寒性。

除了上述的抗病虫及耐寒性，前人还没有对中甸刺玫的其他农艺性状和种内的表型变异进行过系统研究。为了进一步开发利用中甸刺玫，发掘利用其观赏性状，也为保护其群体和种质创新提供理论参考，分别在花期、果期和落叶休眠期对中甸刺玫进行农艺性状和表型特征的详细调查，记录自然生长和人工栽培中甸刺玫的物候、自然繁殖方法、主干结构、分枝方式、自然更新能力及病虫害感染情况。同时，选取了与叶、花、果形态相关的表型性状和果实质量、种子数量和种子质量等共23个性状对位于和平村、乃司村和联合村的3个天然居群、1个由引种植株构成的"引种"群体及1个由零星散生在农家的植株所构成的"农家"群体进行了表型多样性研究。研究方法见李树发等（2013），利用游标卡尺或天平等测量工具对株高、冠幅大小、花朵大小、果纵横径、果实质量和种子百粒质量等连续型数量性状进行实际观测，对花色、花瓣形状及果形等非连续型数量性状则用1、2、3等进行编码赋值。对花色的编码为：粉白色为1，浅粉色为2，粉色为3，粉红色为4，深粉红色为5；对花瓣形状的编码为：波状为0，平展为1；对果形的编码为：扁球形为1，梨形为2，圆形为3。

4.1 中甸刺玫的农艺性状

4.1.1 中甸刺玫在原生地的物候

因冬春干旱和温度较低，中甸刺玫在香格里拉的生长期从每年4月中旬到10月中旬，长182天左右，其中花期28～33天（图4-1），果期95～114天。落叶休眠期从10月中旬到次年4月中旬，长183天左右，其中落叶期13～23天，休眠期160～171天（表4-1，图4-2）。生长期与落叶休眠期天数相近，各占半年时间。

图4-1 开花期的中甸刺玫

表4-1 中甸刺玫物候期观察记录表（香格里拉，2009～2011年，月/日）

年份	萌芽期	初展叶期	全展叶期	始花期	盛花期	末花期	幼果期	果熟期	落叶期	休眠期
2009	4/21	5/14	6/3	6/13	7/2	7/12	7/16	10/26	10/17	11/6
2010	4/16	5/9	5/28	6/1	6/24	7/3	7/9	10/25	10/5	11/6
2011	4/22	5/15	6/2	6/16	6/24	7/14	7/17	10/22	10/17	11/13

4.1.2 中甸刺玫幼苗生长速率

（1）中甸刺玫根蘖苗的生长量

对格桑花卉公司的中甸刺玫当年生根蘖苗进行生长量调查的结果表明，根蘖植株当年最高可达166cm、最矮为91cm，个体间株高相差75cm，平均高为121.98cm。45株根蘖苗中，株高在100cm以上的植株有39株，占86.67%，低于100cm的植株有6株，占13.33%。根蘖苗萌发具随机性，萌发时间不一致。粗壮根系萌生植株较壮、后期生长较快（图4-3），细弱的根系萌发的植株较弱、后期生长较慢（图4-4）。

图4-2　秋冬落叶休眠期的中甸刺玫

图4-3　长势旺盛的中甸刺玫根蘖苗

图4-4 后期长势弱的中甸刺玫根蘖苗

（2）中甸刺玫种子苗的生长速度

对原产地自然居群中的种子苗6年连续定点调查的结果表明，中甸刺玫的种子苗第1年为独茎苗，第2年从基部发出1~2条基生枝，基生枝上部会发出1~2个小分枝；第3年又从植株基部发出2~3条基生枝，基生枝上部平均再发出2~3个小分枝；4~5年生植株基部再发出4~6条基生枝，基生枝上部平均再发出4~6个小分枝，树冠以这种方式不断扩大，形成丛生灌木。此时，第1或第2年的部分基生枝逐渐枯死（图4-5）。由于野外中甸刺玫的种子苗主要通过每年的基生枝进行增高生长，幼苗及小植株生长较慢，1年生植株高不到50cm，6年生植株高不超过200cm。

图4-5 5~6年生中甸刺玫种子苗形成直立灌丛，部分基生枝已死亡

4.2 中甸刺玫的观赏性状

4.2.1 中甸刺玫的植株、花朵及果实形态

中甸刺玫开花结实后由多个主干丛生形成自然圆头形，主干直立成为树状灌丛（图4-6，图4-7），树冠占地面积为2.25~120m^2。中甸刺玫的花有蝶状花和平瓣花两种类型，花色从深粉红色、粉红色、浅粉红色、粉白色至白色等连续

第 4 章 中甸刺玫的农艺性状及表型多样性

图 4-6　中甸刺玫树状灌丛

图 4-7　中甸刺玫树状灌丛基部

变异，花瓣有平边和波状边（图2-7）。花径、花瓣长和宽分别为9.03～9.59cm、4.10～4.31cm和4.26～4.55cm，萼片长和宽分别为2.68～3.25cm和0.89～0.92cm。此外，不同居群的个体在花的形态特征上也有较大差别，如和平村居群的花以平瓣为主，粉红色，花瓣平边和波状边；乃司村居群的花多为平瓣，从深粉红色、粉红色、浅粉红色至粉白色连续变异；联合村居群的花为蝶状花型、平瓣，颜色从深粉红色、粉红色到浅粉红色。中甸刺玫的蔷薇果有扁球、梨形和圆形等形状（图4-8），瘦果（种子）有心形和近心形，均有明显的背腹线（图4-9）。果梗长3.01～4.12cm，果梗粗0.29～0.33cm，果实横径为2.50～3.16cm，纵径为2.19～3.28cm，结实量为7.90～14.33粒/果。

图4-8　不同形状的中甸刺玫果实

4.2.2　中甸刺玫花枝生长及花量

中甸刺玫的植株进入开花结果期后，每年萌发的营养枝形成次年的开花母枝。开花母枝在春季萌芽前完成花芽分化，枝条中上部位的芽分化成花芽，中下位的芽分化成叶芽。每年萌芽后新叶与花蕾同时出现，或者新梢生长到5～17cm时出现花蕾。花蕾着生在新梢顶端，每枝有1个花蕾，偶有2～3个（图4-10）。花枝的数量及长度与开花母枝的营养状况有关，粗壮的开花母枝萌发的花枝多且较长（图4-11），细弱的开花母枝萌发的花枝少，花枝一般较短（图4-12）。花枝

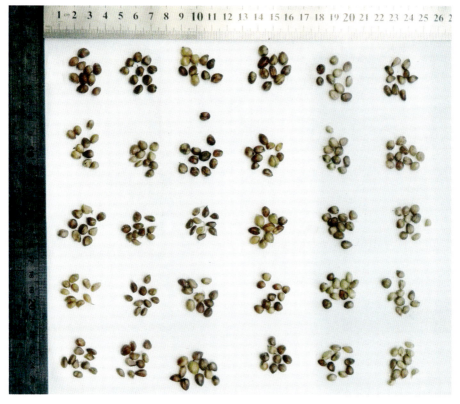

图4-9　中甸刺玫的瘦果

图4-10　中甸刺玫偶见的2～3朵花簇生

图4-11　中甸刺玫较粗壮的花枝

图4-12　中甸刺玫较细弱的花枝

长度从开花母枝的顶端至基部依次变短,也有部分花芽直接着生在开花母枝上。调查统计格桑花卉公司引种大树的开花量,结果表明40cm以上的长花枝平均每枝花量为(13±4)朵,15~39cm的中花枝平均每枝花量为(5±2)朵,14cm以下的短花枝的平均花量为1~3朵。

4.3 中甸刺玫在原生地的抗性

中甸刺玫对白粉病表现出高感,但对黑斑病则是高抗,同时也高抗蚜虫,并具有极强的耐低温能力。在野外调查时极少见到中甸刺玫受到病菌的危害,但在小中甸镇联合村杨给和四伟等地,菜蛾幼虫及金龟子成虫在6~8月会严重危害植株的嫩茎、花蕾、花及叶片,钻蛀性害虫在9~10月会危害果实及其种子(图4-13~图4-15)。

图4-13 被菜蛾幼虫危害的花及叶片

图4-14　被金龟子啃食的花

图4-15　中甸刺玫的老茎被蛀食后

4.4 中甸刺玫种内的表型变异

4.4.1 中甸刺玫5个群体的表型特征

中甸刺玫群体间表型上的差异主要集中在株型、叶片大小和花型上（表4-2）。23个性状中株高、树冠长、树冠宽、叶片连柄长、顶小叶宽、花直径、花瓣长、花瓣宽、花瓣数、花色、花瓣形状、果实质量和种子数量13项在群体间达到了极显著差异（$P<0.01$）；群体间的小叶数量和种子百粒质量有显著差异（$P<0.05$）；顶小叶长、萼片长、萼片宽、果梗长、果梗粗、果横径、果纵径和果形等其余8项在群体间的差异不显著（$P>0.05$）。此外，所观测的23个表型性状中仅有株高、叶片连柄长、萼片长和果梗长在群体内的差异达到了显著水平（$P<0.05$），其他性状在群体内植株间的差异均不显著（$P>0.05$）（李树发等，2013）。和平村天然居群植株最高，平均株高为4.53m；花最大，平均直径为9.60cm；果实（蔷薇果）也最大，果中的种子（瘦果）数量最多且百粒质量最大，平均有种子（瘦果）14.33粒/果，种子（瘦果）百粒质量达11.86g。乃司村天然居群的小叶数量最多、叶片连柄最长，果实（蔷薇果）的果梗也最长，但直径最小，种子（瘦果）的百粒质量也最轻，平均为9.13g。联合村天然居群的小叶数量最少，花色最红，萼片最狭长。"农家"群体的植株冠幅最大，平均为7.88m×6.63m；花瓣数最多，平均达5.28瓣。"引种"群体的植株最小，平均高2.01m，冠幅2.64m×2.28m；叶片连柄最短，顶小叶最小；花也最小，平均直径8.43cm，但花瓣数较多，仅次于"农家"群体，平均5.26瓣，花色最浅；果实（蔷薇果）所结的种子（瘦果）最少，平均每个7.04粒。群体内植株间表型变异最大的是"引种"群体，表型变异系数达27.92%；群体内植株间表型变异最小的是和平村天然居群，变异系数为20.16%。

表4-2 中甸刺玫表型性状的均值±标准差（李树发等，2013）

性状	和平村	乃司村	联合村	引种	农家	群体间 F值	群体内 F值
株高/m	4.53±0.69	3.34±1.12	2.61±0.93	2.01±0.91	4.09±0.90	12.3**	8.14**
树冠长/m	6.41±3.39	4.68±2.02	3.25±1.11	2.64±1.29	7.88±5.82	12.43**	0.55
树冠宽/m	4.71±1.48	3.71±1.37	2.51±1.05	2.28±1.38	6.63±4.30	12.26**	0.49

续表

性状	和平村	乃司村	联合村	引种	农家	群体间 F值	群体内 F值
小叶数量	10.94±1.27	10.96±0.98	9.38±1.11	9.96±1.78	10.06±1.09	3.25*	0.61
叶片连柄长/cm	11.54±2.19	12.29±3.38	10.30±2.64	10.00±3.99	10.59±1.44	4.74**	1.55*
顶小叶长/cm	3.47±0.37	3.41±1.41	3.25±0.82	2.63±0.96	3.43±0.75	1.1	1
顶小叶宽/cm	2.05±0.18	1.97±0.44	1.74±0.30	1.53±0.28	1.91±0.18	13.4**	0.93
花直径/cm	9.60±0.97	9.44±0.86	9.03±1.22	8.43±1.04	9.00±1.21	10.46**	1.11
花瓣长/cm	4.25±0.47	4.31±0.40	4.10±0.58	3.89±0.53	4.17±0.65	7.29**	1.08
花瓣宽/cm	4.55±0.49	4.56±0.43	4.26±0.62	4.02±0.54	4.35±0.62	11.67**	1.16
花瓣数	5.16±0.51	5.00±0.00	5.00±0.00	5.26±0.47	5.28±0.44	3.8**	1.19
花色	4.00±0.00	3.80±0.63	4.10±1.20	2.70±1.25	3.75±1.17	7.64**	0.71
花瓣形状	0.80±0.42	1.00±0.00	1.00±0.00	0.50±0.53	0.49±0.52	12.02**	0.83
萼片长/cm	2.68±0.24	2.95±0.36	3.25±0.51	2.84±0.21	2.54±0.29	0.78	1.45*
萼片宽/cm	0.92±0.05	0.89±0.10	0.89±0.05	0.86±0.12	0.85±0.06	0.11	0.87
果梗长/cm	3.01±0.95	4.12±1.16	3.77±0.76	2.53±0.39	3.55±0.44	0.86	1.73*
果梗粗	0.33±0.02	0.29±0.03	0.29±0.02	0.30±0.04	0.29±0.02	0.14	0.17
果横径/cm	3.16±0.19	2.50±0.24	2.79±0.31	2.64±0.23	2.57±0.36	0.69	0.92
果纵径/cm	3.28±0.46	2.20±0.14	2.41±0.28	2.34±0.11	2.25±0.20	0.19	0.68
果实质量/g	155.47±27.18	76.39±16.89	62.34±21.11	84.20±12.55	76.36±15.01	30.74**	1.16
果形	1.90±0.32	1.61±0.73	1.26±0.46	1.20±0.35	1.35±0.34	0.46	1.26
种子数量/(粒/果)	14.33±13.23	7.90±4.19	8.79±3.89	7.04±3.76	7.76±3.92	41.62**	1.35
种子百粒质量/g	11.86±2.64	9.13±1.74	9.29±2.57	10.99±1.77	10.35±1.09	2.65*	0.82

注：*表示在0.05水平上差异性达到显著；**表示在0.01水平上差异性达到极显著。

4.4.2 方差分量与群体间表型分化系数

中甸刺玫的性状平均表型分化系数为69.56%，群体间方差分量占总变异的56.83%，群体内的方差分量占总变异的24.86%，说明群体间的变异为中甸刺玫表型变异的主要来源（表4-3）。其中，萼片长、萼片宽、果梗长、果梗粗、果横径、果纵径、果形和种子数量等8个性状在群体内的变异大于群体间的变异；其他15个性状如小叶数量、叶片连柄长、顶小叶长、顶小叶宽、花直径、花瓣长、花瓣宽、花瓣数、花色、花瓣形状、果实质量和种子百粒质量等则在群体间的变异大于群体内的变异，说明与中甸刺玫果实相关的性状的变异主要来自群体内；而与花、叶和种子等相关性状的变异则主要来自群体间。

表 4-3 中甸刺玫表型性状方差分量与表型分化系数（李树发等，2013）

性状	方差分量			方差分量百分比/%		表型分化系数/%
	群体间	群体内	机误	群体间	群体内	
株高	0.0953	0.0836	0.0040	92.47	7.49	92.51
树冠长	1.3667	0.5160	11.5000	88.91	3.94	95.76
树冠宽	0.7138	0.3090	6.0700	89.15	3.57	96.15
小叶数量	0.0950	0.1430	3.6400	66.69	12.59	84.12
叶片连柄长	0.3356	0.5800	10.5300	65.00	21.28	75.34
顶小叶长	0.0034	0.0020	3.5100	35.47	32.36	52.29
顶小叶宽	0.0173	0.0010	0.1400	87.32	6.10	93.47
花直径	0.1490	0.0190	1.5900	83.19	8.88	90.36
花瓣长	0.0230	0.0030	0.3700	77.81	11.53	87.09
花瓣宽	0.0408	0.0060	0.3900	84.36	8.38	90.96
花瓣数	0.0112	0.0080	0.4300	63.42	19.84	76.17
花色	0.0882	0.0360	1.2700	81.70	7.64	91.45
花瓣形状	0.0185	0.0030	0.1700	86.52	6.09	93.42
萼片长	0.0018	0.0120	0.2700	24.14	44.83	35.00
萼片宽	0.0010	0.0089	0.0116	1.05	88.75	1.17
果梗长	0.0099	0.0830	1.1500	24.03	48.06	33.33
果梗粗	0.0000	0.0000	0.0016	5.41	51.35	9.53
果横径	0.0004	0.0020	0.1800	26.09	34.78	42.86
果纵径	0.0015	0.0100	0.3100	10.34	36.21	22.21
果实质量	128.0564	43.0538	0.0021	96.85	3.15	96.85
果形	0.0041	0.0130	0.5200	17.02	46.10	26.96
种子数量	0.3658	2.7700	80.2200	27.49	41.59	39.79
种子百粒质量	0.0789	0.4770	0.0005	72.63	27.37	72.63
平均				56.83	24.86	69.56

4.4.3 中甸刺玫群体及个体间基于表型性状的聚类分析

表型性状的UPGMA聚类分析的结果表明，5个中甸刺玫群体可明显分为2组（李树发等，2013）。和平村天然居群单独为一组，且与由另外4个群体构成的一支的距离较远。在由另外4个群体构成的第二组中，乃司村天然居群优先与"农家"群体聚类，后依次与"引种"群体、联合村天然居群聚类。所观测的48个中甸刺玫植株在平均距离12.39处可明显分为两组。第一组为和平村居群中除其中1个个体外的其他9个个体的集合，第二组为其他4个群体的混合聚类。

由来源不同的个体所构成的第二大组中，"引种"群体中的大多数个体与3个天然居群的个体均优先聚类，表明了它们来源于天然居群且与优先聚类的个体在表型上很相近。"农家"群体的个体在平均距离为3.10左右处明显分成三个小组，第一组和第二组均与来自天然居群的个体聚在一起，第三组则只包括编号为e的单株，未与其他任何个体相聚。

4.5 小　　结

中甸刺玫在香格里拉的生长期从每年4月中旬到10月中旬，长约182天，其中花期28～33天。中甸刺玫的当年生根蘖苗平均株高可达121.98cm，实生种子苗生长较慢，1年生植株高不到50cm，较早形成丛生灌丛。中甸刺玫开花结实后由多个主干丛生形成自然圆头形，花有蝶状花和平瓣花两种类型，花色从深粉红色、粉红色、浅粉红色、粉白色和白色等连续变异，花瓣有平边和波状边；果有扁圆、圆球和梨形等形状，种子有心形和近心形。中甸刺玫的植株进入开花结果期后，每年萌发的营养枝形成次年的开花母枝。开花母枝在春季萌芽前完成花芽分化，长花枝平均每枝花量可达（13±4）朵。中甸刺玫对白粉病表现出高感，但高抗黑斑病、蚜虫和耐低温。中甸刺玫在自然生境下较少感病，但会受到菜蛾幼虫、金龟子成虫和钻蛀性害虫的危害。

所观测的23个表型性状中有15个在中甸刺玫的群体间的差异达到了显著或极显著水平，仅有4个性状在群体内的差异达到显著水平。中甸刺玫种内表型分化剧烈，群体间变异是其主要变异来源，群体间的表型性状变异主要表现在观赏性状和繁殖性状上。在中甸刺玫现存的3个较大的天然居群中，和平村居群在株型和花大小等性状上较优，但花色较单一，联合村居群的花色最红且变异更丰富，花瓣数的变异也较大，表明该居群蕴藏着丰富的观赏性状可供发掘利用。"引种"群体和"农家"群体内与观赏相关的表型性状特别是花型、花大小及花色的变异系数远大于天然居群，表明中甸刺玫物种的表型受到人为选择的影响。中甸刺玫群体基于表型性状的聚类结果表明"引种"及"农家"群体的植株主要是通过人为直接或间接地从乃司村和联合村采集并单独保存下来。"农家"群体中编号为e的个体单独成一分支，说明其很可能是某个已灭绝的原始野生居群的一个幸存者。

对中甸刺玫的表型多样性研究结果表明其表型变异非常丰富，群体间表型分化明显，需要尽可能地保护较多的居群，而其群体内所蕴藏的丰富的株型、花色和花瓣数等观赏性状变异表明，从资源利用的角度来看，需要尽可能多地保护群体中的个体，保持群体生境的完整性。由于中甸刺玫整个物种仅存的数量已非常小，在就地保护的同时，还应通过采集尽可能多的植株的种子和接穗进行异地保存。因此，为了制定更切实有效且经济的保护和利用措施，还需要对其进行繁殖生物学、基于分子证据的保护遗传学以及引种驯化方面的深入研究。

第5章

中甸刺玫的细胞核型、染色体形态及结构多样性

染色体是遗传物质的载体。染色体的数目、形态和结构决定着细胞减数分裂中染色体的配对行为,左右着植物的生殖过程和繁育行为,以核型分析为主的细胞学研究在预测自然界和育种过程中相关植物类群相互交换基因的能力方面很有作用(Stace, 2000)。因此,研究染色体的数目、形态和结构的变异,探讨其发生和发展的机制与规律,始终是生命科学研究的核心内容(李懋学和张赞平,1996)。

由于月季在园艺和芳香产业中具有重要的经济和文化价值,虽然蔷薇属植物的染色体非常小,经化学药剂预处理后处于分裂中期的染色体长度只有 $1\sim4\mu m$,但它却是最先吸引了细胞学家注意力的庭园植物之一(Rowley, 1967)。早在20世纪初科学家们就开始利用植物细胞学信息对蔷薇属植物进行分类处理和系统发育研究(Täckholm, 1922)。Täckholm报道了蔷薇属植物中存在非整倍体,而整倍体的变化则显示了从南到北,倍性从二倍体到八倍体的格局,并首次报道了狗蔷薇组(sect. Caninae)发生不等减数分裂的情况,指出该组植物均是杂种起源,组内的种间杂交以及与其他组如芹叶组(sect. Pimpinellifoliae)的种间杂交非常普遍。Hurst(1925)用图对Täckholm的研究结果作了演示,并集中研究了来自不同亚属、不同组的674个蔷薇属植物材料的染色体和表型性状(Hurst, 1928),根据表型性状和杂交实验结果认为,在蔷薇属植物中存在5套(每套含7条染色体)不同的染色体类型。他还对蔷薇属植物多倍化的类型、代表种及其所包含的染色体类型进行了具体描述,并根据染色体特征建议将小叶蔷薇(R. willmottiae)、硕苞蔷薇(R. bracteata)、波斯蔷薇(R. persica)及微叶蔷薇(R.

minutifolia）从其他类型中独立出来。Rowley（1967）图示了蔷薇属的系统、分类和不同组的体细胞染色体数目，支持将蔷薇属划分为不同的亚属和组，强调将狗蔷薇组与其他组区别开，独立成一个最新的组，并提出蔷薇属的演化是从二倍体开始到多倍体，在从南到北迁移的过程中多倍体比二倍体更进化。此后，为了澄清月季种质资源间的亲缘关系，人们对大量的蔷薇属植物的有丝分裂中期的染色体进行了研究，包括采用传统压片法（塞洪英等，2010a，2010b；Jian et al.，2013；Yu et al.，2014；曹世睿等，2021）、C-带（Price et al.，1981）和更先进的分子细胞遗传学方法——染色体的荧光原位杂交（FISH）（Ma et al.，1997；Fernández-Romero et al.，2001；Akasaka et al.，2002，2003；Lim et al.，2005；Jian et al.，2013；Kirov et al.，2014，2016；田敏等，2013；张婷等，2014，2018；Ding et al.，2016；Tan et al.，2017；方桥等，2020）进行染色体数量、核型分析和减数分裂的构型频率等方面的研究。基于臂比和染色体长度，大家公认蔷薇属的核型较对称且具有一致性，染色体基数为7，呈现出2倍（$2n=2x=14$）到8倍（$2n=8x=56$）的连续变化，倍性最高的是分布在环北极高纬度地区的八倍体的刺蔷薇（*R. acicularis*）（Roberts et al.，2009），而中国国内曾报道的最高倍性是扁刺蔷薇（*R. sweginzowii*）、华西蔷薇（*R. moyesii*）和大叶蔷薇（*R. macrophylla*），均为六倍体（唐开学，2009）。

荧光原位杂交（FISH）技术是根据DNA-DNA和DNA-RNA碱基配对原则将DNA探针与染色体上相对应的序列杂交，并将探针用生物素等荧光染料标记，然后将标记的探针直接原位杂交到染色体或DNA纤维上，再用与荧光素分子偶联的单克隆抗体与探针分子特异结合，通过荧光杂交信号来进行DNA序列在染色体或DNA纤维上的定性、定位分析（聂谷华等，2006）。由于蔷薇属植物的染色体非常小，常规的核型分析所能得到的信息比较有限，更为先进的可提供更精准遗传信息的染色体原位杂交技术也在蔷薇属植物的核型研究上得到了应用，主要以45S和5S rDNA作探针，研究蔷薇属的部分野生种、古老月季、现代月季以及杂交后代的染色体结构和核型。这些研究为rDNA在蔷薇属植物的染色体组上的物理定位提供了有用的信息。对大多数二倍体蔷薇野生种来说，45S rDNA相对较保守，也就是染色体荧光原位杂交位点数与倍性保持一致，而5S rDNA的数量则不确定（Fernández-Romero et al.，2001；Akasaka et al.，2002，2003；张婷等，2014；方桥等，2020）。但对多倍体的蔷薇属植物，已有的研究表明5S rDNA和45S rDNA都不一定正好与基因组的倍性相一致（Akasaka et al.，2003；Ding et al.，2016）。

多倍化影响植物的分化和物种形成，被认为是植物进化的重要动力（Otto

and Whitton，2000；Madlung，2013），是物种快速形成的最重要的细胞遗传学机制（Stebbins，1971；Grant，1981；Levin，2002）。高山和极地植物区系中多倍体出现的频率较高（Ohba，1988；Abbott and Brochmann，2003；Brochmann et al.，2004），分布更靠极地或高海拔地区的蔷薇属种或变型通常也具有更高的倍性（Darlington，1942），且蔷薇属植物的染色体倍性（数量）与花大小基本呈正相关（刘东华和李懋学，1985；塞洪英等，2010a）。作为一种中甸高原特有的大型树状灌木状蔷薇，其花及株型都显著大于常见的蔷薇野生种，包括同域分布的六倍体华西蔷薇和大叶蔷薇等，那么中甸刺玫是否为多倍体？其多倍化的程度究竟如何？

不仅许多植物物种或物种复合群有多种倍性（Schlaepfer et al.，2008），多倍体的后代中也常会产生较高频率的非整倍体（aneuploid）、假整倍体（pseudoeuploid）或部分同源染色体重组基因型（homeologue-recombinant genotype），从而导致表型变异（Ramsey and Schemske，2002）。不同物种特别是多倍体植物种内的45S rDNA 和5S rDNA位点变异很常见（Weiss and Maluszynska 2000；Dydak et al.，2009；Książczyk et al.，2010）。中甸刺玫的表型如此丰富，其种内是否存在染色体数量和结构的变化？

为了弄清中甸刺玫的细胞核型及种内是否存在染色体数量和结构的变化，以及这种变化与中甸刺玫表型多样性的相关性，利用传统的染色体压片法对中甸刺玫的细胞核型和染色体数量进行了首次报道（Jian et al.，2010）；在此基础上，以中甸刺玫种内10个不同表型（每表型2~3个或更多的代表性植株）为实验材料，利用酶解滴片法制备染色体并进行常规核型分析，探索其种内在染色体数量和形态上的变异；同时，利用染色体荧光原位杂交（FISH）技术对中甸刺玫10个表型各1个代表性个体进行了更精确的核型研究，探讨其种内的染色体数量、形态和结构的多样性。

5.1 中甸刺玫的染色体制备、荧光原位杂交与核型分析方法

5.1.1 压片法制备染色体及核型分析

以嫁接保存在云南省农业科学院花卉研究所月季种质资源圃中的中甸

刺玫为材料,该植株的接穗采自香格里拉小中甸(东经99°43′58.8″、北纬27°41′16.5″,3231m)。早上9:00~10:00取植株尚未形成花芽且生长旺盛的茎尖,用对二氯苯饱和液预处理2.5h,卡诺Ⅰ固定液(无水乙醇:冰醋酸=3:1)于4℃冰箱中固定40min,1mol/L HCl 60℃水浴解离10min,石炭酸品红染色1h后45%乙酸压片。临时片在Olympus CH300显微镜40×下镜检,对分裂相多、细胞染色体分散及形态较好的片子在Nikon E800显微镜100×下用DXM1200型显微图像捕捉系统拍摄数码照片。中期染色体的核型分析用Adobe Photoshop软件手工进行照片背景处理、长度测量和染色体配对。核型分析采用李懋学和陈瑞阳(1985)标准,核型类型采用Stebbins(1971)的标准,核型不对称系数(As.k%)按Arano(1963)的方法来计算,染色体相对长度指数(index of relative length,IRL)按Kuo等(1972)的方法进行计算和分类,着丝点指数(centromeric index)和臂指数(fundamental arm number,NF)按李懋学和张敦方(1991)的方法进行计算。

5.1.2　酶解滴片法制备染色体

2020年和2021年的5~7月于天气晴朗的上午9:00~11:00在香格里拉的原生地采集不同表型的中甸刺玫茎尖,剥去茎尖外层的幼叶后置于冰上。将茎尖置于0.02%秋水仙素和0.002mol/L八羟基喹啉(1:1)混合液中于4℃避光预处理4h;预处理好的茎尖用蒸馏水洗干净,置于0.075mol/L KCl溶液中进行前低渗处理30min;将茎尖用蒸馏水清洗干净后于卡诺固定液(无水乙醇:冰醋酸=3:1)中过夜进行固定;固定好的茎尖用蒸馏水清洗干净,用75%的乙醇保存在4℃备用。取出保存好的茎尖用双蒸水清洗干净后,剥离出茎尖生长点,于0.25mol/L的HCl在常温下酸解处理10~15min;酸处理后的茎尖用蒸馏水洗净后,放在6%的纤维素酶(Yakult,Japan)和3%的离析酶(Yakult,Japan)混合液中37℃水浴酶解5~6h;将酶解的茎尖用蒸馏水洗净后,加入双蒸水于37℃水浴1h进行后低渗。将茎尖捣碎后加卡诺固定液,短暂离心1min,去除上清液,加入新的卡诺固定液振荡混匀,制备成细胞悬浮液;将细胞悬浮液滴在事先预冷的防脱载玻片上,用酒精灯迅速烤30s左右,使细胞悬浮液干燥展开。用Leica DM4000显微镜在63×镜下进行镜检,筛选出染色体分散好的片子进行拍照,在37℃的烘箱下烘烤过夜后,保存于-20℃冰箱。后期图像及数据处理和核型分析的方法同5.1.1。

5.1.3 染色体荧光原位杂交技术

以中甸刺玫种内的10个表型各1个代表性个体为材料（图5-1，表5-1），染色体制备的方法同5.1.2的酶解滴片法，制备的染色体分散好的片子经镜检合格后在37℃的烘箱下烘烤过夜后，保存于－20℃冰箱备用。

图5-1　用于染色体荧光原位杂交试验的中甸刺玫植株的花型和花色

表5-1　用于染色体荧光原位杂交试验的中甸刺玫植株的基本信息

表型	来源	花色	花大小/cm	花瓣数
A	塘安培	玫红色	11～13	5～8
B	塘坯	玫红色	7～10.5	5
C	塘坯	粉红色	6.5～9	5
D	塘坯	桃红色	9～11	5～11
E	热水塘	桃红芯白	7～8	5
F	热水塘	粉色	9～12	5
G	胡批	浅粉色	8.5～10	5
H	布呵谷老村	深桃红色	8～10	5
I	布呵谷老村	粉红	9～10	5
J	昌都学鱼塘	浅粉白	6～8	5

（1）荧光原位杂交的探针制备

45S rDNA克隆自番茄基因组，由武汉大学生命科学学院李立家教授提供。经质粒转化和克隆后提取质粒，将纯度合格、浓度达到62.5ng/μl的质粒保存在－20℃冰箱备用。5S rDNA从中甸刺玫中通过PCR扩增获得，扩增引物为F：5′-GAGAGTAGTACTAGGATGGGTGACC-3′，R：5′-CTCTCGCCCAAGAACGCTTAACTGC-3′（Akasaka et al.，2002），扩增产物需用试剂盒纯化，将浓度达到62.5ng/μl的5S rDNA PCR最终产物保存在－20℃的冰箱备用。

（2）探针标记

用Biotin-Nick Translation Mix（No.11745824910；Roche Diagnostics，Germany）对45S rDNA探针进行标记。用Dig-Nick Translation Mix（No.11745816910；Roche Diagnostics，Germany）对5S rDNA探针进行标记。具体方法如下：将1~2μg 5S rDNA或45S rDNA用灭菌的ddH$_2$O稀释至16μl。向45S rDNA中加入4μl生物素标记混合试剂，向5S rDNA中加入地高辛标记混合试剂，混匀后封上封口膜，置于15℃的PCR仪中反应60min。将3μl的PCR产物与1μl 6×上样缓冲液（loading buffer）混匀，置于95℃的PCR仪中3min，取出立即放冰上3min，然后通过电泳检测100~250bp呈现弥散条带即可。向在15℃条件下已反应了60min的探针中加入1μl 0.5mol/L的乙二胺四乙酸（EDTA），再在65℃条件下反应10min。

（3）荧光原位杂交流程

将制备好的染色体片在37℃下用100μg/ml的胃蛋白酶处理40min，双蒸水清洗后再在室温下用2×柠檬酸钠缓冲液（SSC）洗涤2次，每次5min；然后放在-20℃的75%、95%和100%乙醇中各脱水洗涤5min。将片子放在60℃的烘箱中烤30min，再用70%的去离子甲酰胺（FAD）75℃处理3min，使染色体变性，变性后的染色体立即按顺序放在预冷的75%、95%和100%的乙醇中脱水洗涤各5min，脱水后将载玻片放在室温条件下自行晾干备用。

将40μl含有20μl 100% FAD、4μl 20×SSC、8μl 50%硫酸葡聚糖（DS）、1.5μl 10%十二烷基硫酸钠（SDS）、2.5μl 50ng/μl 45S rDNA探针、2.5μl 50ng/μl 5S rDNA探针、1.5μl 1μg/ml鲑鱼精的混合液在PCR仪中97℃变性10min，取出后放在冰上10min，即配成了杂交液（探针混合液）。将变性的杂交液滴于载玻片的染色体上，置于37℃潮湿的铝盒中杂交反应16~20h。

染色体片杂交过夜后进行杂交信号检测。按顺序用2×SSC洗涤4次，1×磷酸盐缓冲液（PBS）洗涤1次，每次5min；将载玻片在暗室中加50μl含有0.5% BSA、2.5μg/ml抗生物素蛋白（Avidin）和2μg/ml抗地高辛抗体（Anti-Dig）的1×PBS混合液在37℃潮湿的黑暗环境中放置1h检测探针。检测完后用1×PBS洗涤3次，每次5min；洗涤后加30μl 1μg/ml 4',6-二脒基-2-苯基吲哚（DAPI）染色10min，用1×PBS洗涤3次，每次5min；之后加抗荧光淬灭封片剂（Vectashield®，vector H-1000）30μl，用指甲油封片。用CytoVision软件组在Leica DM4000荧光显微镜下捕获图像。

5.2 中甸刺玫基于压片法的核型

5.2.1 中甸刺玫的细胞有丝分裂过程

中甸刺玫细胞间期核的异染色质形成较多染色较深的染色中心（chromocenter），形状不规则，扩散分布于全核，局部聚集形成若干大的异固缩块（heteropycnotic block），属于复杂染色中心型（complex chromocenter type）（Jian et al.，2010）。在分裂前期，染色体由染色较深的异染色质片段（heterochromatic segment）和染色较浅的常染色质片段（euchromatic segment）相间排列而成，属于中间型（interstitial type）。分裂后期和末期都基本正常，没有发现染色体加倍、染色体桥、落后染色体和双核等异常现象。

5.2.2 中甸刺玫的核型特征

中甸刺玫有丝分裂中期的细胞中有35对共70条染色体（表5-2）。其核型公式为$2n=10x=70=2st+6sm+62m$，第6对染色体的形态明显为近端着丝点染色体（acrocentric chromosome，st），臂比为2.89；第15、第23和第24对染色体为近中部着丝点染色体（submetacentric chromosome，sm），臂比分别为1.75、1.78和1.74；其他全部为中部着丝点染色体（metacentric chromosome，m）。整个染色体组的平均臂比为1.43，核型不对称系数（As.k%）为58.53%，最长染色体与最短染色体的相对长度比为2.14，染色体组中2.86%的染色体的臂比不低于2.00。根据Stebbins（1971）的核型划分标准，中甸刺玫的核型为2B。

表5-2 中甸刺玫有丝分裂中期细胞中的染色体形态特征

染色体对编号	相对长度			臂比	着丝点类型	染色体对编号	相对长度			臂比	着丝点类型
	短臂	长臂	总长				短臂	长臂	总长		
1	1.74	2.04	3.78	1.17	m	6	0.85	2.46	3.31	2.89	st
2	1.47	2.27	3.74	1.54	m	7	1.36	1.85	3.21	1.36	m
3	1.61	1.99	3.60	1.24	m	8	1.34	1.85	3.19	1.38	m
4	1.52	1.99	3.51	1.31	m	9	1.29	1.86	3.15	1.44	m
5	1.50	1.83	3.33	1.22	m	10	1.50	1.66	3.16	1.11	m

续表

染色体对编号	相对长度 短臂	相对长度 长臂	相对长度 总长	臂比	着丝点类型	染色体对编号	相对长度 短臂	相对长度 长臂	相对长度 总长	臂比	着丝点类型
11	1.20	1.91	3.11	1.59	m	24	0.99	1.72	2.71	1.74	sm
12	1.22	1.80	3.02	1.48	m	25	1.12	1.59	2.71	1.42	m
13	1.23	1.74	2.97	1.41	m	26	1.03	1.63	2.66	1.58	m
14	1.26	1.66	2.92	1.32	m	27	1.06	1.61	2.67	1.52	m
15	1.06	1.85	2.91	1.75	sm	28	0.98	1.63	2.61	1.66	m
16	1.20	1.69	2.89	1.41	m	29	1.09	1.39	2.48	1.28	m
17	1.20	1.66	2.86	1.38	m	30	0.99	1.39	2.38	1.40	m
18	1.23	1.61	2.84	1.31	m	31	0.98	1.37	2.35	1.40	m
19	1.26	1.58	2.84	1.25	m	32	0.96	1.23	2.19	1.28	m
20	1.26	1.56	2.82	1.24	m	33	0.92	1.18	2.10	1.28	m
21	1.15	1.63	2.78	1.42	m	34	0.93	1.04	1.97	1.12	m
22	1.15	1.58	2.73	1.37	m	35	0.82	0.95	1.77	1.16	m
23	0.98	1.74	2.72	1.78	sm						

5.3 中甸刺玫种内的染色体数量和核型多样性

5.3.1 中甸刺玫种内的染色体数量变异

中甸刺玫种内不同表型植株的核型均为2A或者2B，22个代表性植株中，9个个体的核型为2A，其余13个个体的核型为2B（表5-3）。采自热水塘的编号3-1的植株为非整倍体（$2n=9x+2=65$），采自碧古的编号为3-2和采自昌都学鱼塘的8-1植株均是九倍体（$2n=9x=63$），其余材料均为十倍体（$2n=10x=70$）。

表5-3 中甸刺玫种内不同表型植株及其亲本核型基本参数

表型	编号	核型	核型公式	最长染色体/最短染色体	臂比>2的染色体比例	染色体长度组成	核型不对称系数/%
	0-1	2B	$2n=10x=70=28\text{sm}+42\text{m}$	2.06	0.12	5L+25M2+35M1+5S	62.08
	0-2	2B	$2n=10x=70=32\text{sm}+38\text{m}$	2.09	0.14	2L+29M2+36M1+3S	62.36

续表

表型	编号	核型	核型公式	最长染色体/最短染色体	臂比>2的染色体比例	染色体长度组成	核型不对称系数/%
	1-1	2A	$2n=10x=70=24sm+46m$	1.98	0.05	10L+15M2+39M1+6S	61.78
	1-2	2A	$2n=10x=70=30sm+40m$	1.95	0.12	6L+20M2+43M1+1S	62.41
	1-3	2A	$2n=10x=70=32sm+38m$	1.81	0.07	5L+27M2+37M1+1S	62.01
	1-4	2A	$2n=10x=70=16sm+54m$	1.99	0.04	7L+23M2+32M1+8S	60.33
	2-1	2A	$2n=10x=70=26sm+44m$	1.96	0.07	9L+17M2+41M1+3S	60.59
	2-2	2B	$2n=10x=70=16sm+54m$	2.33	0.01	5L+25M2+36M1+4S	59.84
	2-3	2B	$2n=10x=70=24sm+46m$	2.06	0.10	8L+18M2+41M1+3S	61.41
	3-1	2A	$2n=9x+2=65=22sm+43m$	1.93	0.13	10L+12M2+41M1+2S	61.43
	3-2	2B	$2n=9x=63=23sm+40m$	2.36	0.04	11L+13M2+35M1+4S	61.15
	4-1	2A	$2n=10x=70=26sm+44m$	1.91	0.08	3L+29M2+36M1+2S	61.35
	4-2	2B	$2n=10x=70=32sm+38m$	3.11	0.05	9L+19M2+40M1+2S	62.12
	5-1	2B	$2n=10x=70=16sm+54m$	2.12	0.02	12L+10M2+44M1+4S	59.84
	5-2	2B	$2n=10x=70=18sm+52m$	2.63	0.02	8L+22M2+34M1+6S	60.28
	6-1	2B	$2n=10x=70=24sm+46m$	2.66	0.04	8L+21M2+36M1+5S	60.13
	6-2	2A	$2n=10x=70=36sm+34m$	1.82	0.20	2L+28M2+38M1+2S	62.78

表型	编号	核型	核型公式	最长染色体/最短染色体	臂比>2的染色体比例	染色体长度组成	核型不对称系数/%
	7-1	2B	$2n=10x=70=14sm+56m$	2.44	0.04	11L+15M2+35M1+9S	59.04
	7-2	2B	$2n=10x=70=28sm+42m$（1sat, 1）	2.26	0.08	7L+21M2+35M1+7S	61.25
	8-1	2B	$2n=9x=63=28sm+35m$	2.03	0.12	6L+21M2+35M1+1S	62.08
	8-2	2A	$2n=10x=70=18sm+52m$	1.96	0.07	3L+25M2+38M1+4S	59.40
	9-1	2B	$2n=10x=70=18sm+52m$	2.22	0.05	7L+19M2+38M1+6S	57.65

注：L，长染色体，其相对长度指数（IRL）≥1.26；M2，中长染色体，其IRL值为1.01～1.25；M1，中短染色体，其IRL值为0.76～1.00；S，短染色体，其IRL≤0.75。

5.3.2 中甸刺玫种内的染色体形态和核型变异

不同表型的植株都有中部着丝点（m）和近中部着丝点（sm）两种形态的染色体。除了采自布呵谷老村的6-2植株外，其余个体中的m染色体均比sm染色体多（表5-3）。不同表型的个体植株间染色体长度变化范围较大，最长染色体与最短染色体的比值最小的是编号为1-3的植株，为1.81，最大的是4-2植株，达到了3.11。核型不对称系数的范围为57.65%～62.78%；臂比大于2的染色体占全部染色体的比例为0.01～0.20；染色体长度组成包括了L、M2、M1、S四种类型，其中L和S染色体较少，M1染色体最多，M2次之。

各植株的中期染色体及核型如下。

（1）0-1植株

来自格桑花卉公司的中甸刺玫0-1植株花盛开时为纯白色，花直径10cm，花瓣数5。该植株为十倍体，核型公式为$2n=10x=70=28sm+42m$，有14对近中部着丝点染色体，21对中部着丝点染色体，没有发现随体。染色体长度构成为5L+25M2+35M1+5S，最长染色体与最短染色体的比值为2.06，臂比变化范围1.17～2.30，臂比>2的染色体比例是0.12，核型不对称系数为62.08%，核型为2B（图5-2，表5-3）。

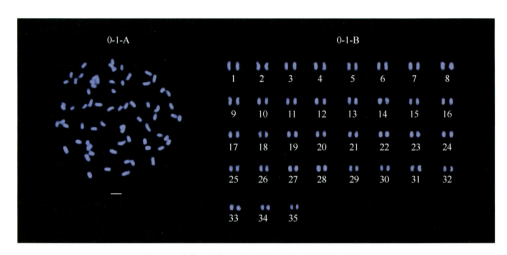

图5-2　中甸刺玫0-1植株的中期染色体及核型
A. 中期染色体；B. 核型图；标尺＝5μm，本章下同

（2）0-2植株

采集自布呵谷老村的0-2植株花盛开时为粉白色，花直径6～7cm，花瓣数5～6。该植株也是十倍体，核型公式$2n=10x=70=32sm+38m$，其染色体组由16对近中部着丝点染色体和19对中部着丝点染色体组成，没有发现随体。染色体长度构成为$2L+29M2+36M1+3S$，最长染色体与最短染色体的比值为2.09，臂比变化范围1.02～2.38，臂比＞2的染色体比例是0.14，核型不对称系数为62.36%，核型为2B（图5-3，表5-3）。

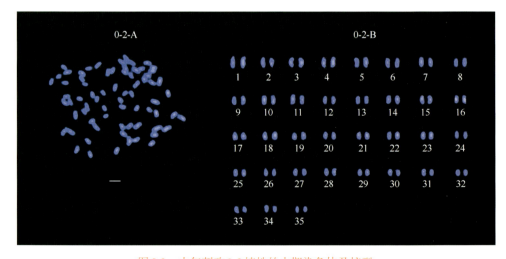

图5-3　中甸刺玫0-2植株的中期染色体及核型

（3）1-1植株

来源于塘安培的1-1植株花朵盛开期为玫红色，花直径11cm，花瓣数5~8，有70条染色体，核型公式$2n=10x=70=24sm+46m$。该植株的染色体组由12对近中部着丝点染色体和23对中部着丝点染色体组成，没有发现随体。染色体长度组成为$10L+15M2+39M1+6S$，最长染色体与最短染色体的比值为1.98，臂比变化范围1.11~2.19，臂比>2的染色体比例是0.05，核型不对称系数为61.78%，核型为2A（图5-4，表5-3）。

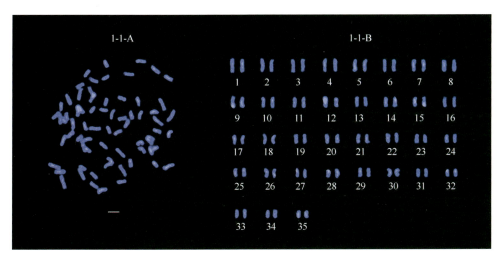

图5-4　中甸刺玫1-1植株的中期染色体及核型

（4）1-2植株

采集自塘坯的1-2植株花盛开时为粉红色，花直径11~13cm，花瓣数5~7，染色体数为70，核型公式$2n=10x=70=30sm+40m$，由15对近中部着丝点染色体和20对中部着丝点染色体组成，没有发现随体。染色体长度组成为$6L+20M2+43M1+1S$，最长染色体与最短染色体的比值为1.95，臂比变化范围1.10~2.23，臂比>2的染色体比例是0.12，核型不对称系数为62.41%，核型为2A（图5-5，表5-3）。

（5）1-3植株

采自基公的1-3植株花朵盛开时为粉红色，花直径10~12cm，花瓣数5~7，其染色体数为70，核型公式$2n=10x=70=32sm+38m$。其染色体组由16对近中

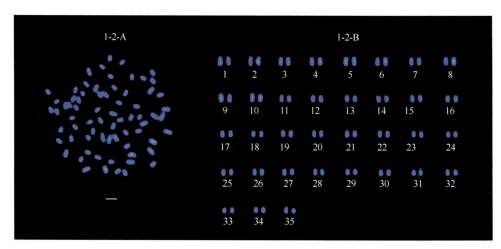

图5-5 中甸刺玫1-2植株的中期染色体及核型

部着丝点染色体和19对中部着丝点染色体组成，没有发现随体。染色体长度组成为5L＋27M2＋37M1＋1S，最长染色体与最短染色体的比值为1.81，臂比变化范围1.02～2.19，臂比＞2的染色体比例是0.07，核型不对称系数为62.01%，核型为2A（图5-6，表5-3）。

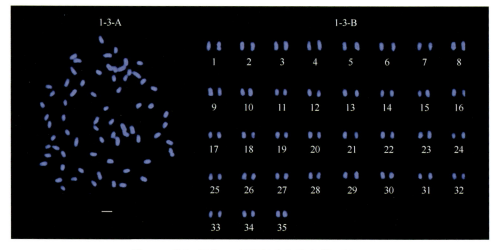

图5-6 中甸刺玫1-3植株的中期染色体及核型

（6）1-4植株

采自拖木南的1-4植株花盛开时为粉红色，花直径10cm，花瓣数5～7，其染色体数为70，核型公式$2n=10x=70=16sm+54m$。由8对近中部着丝点染色体和27对中部着丝点染色体组成，没有发现随体。染色体长度构成为7L＋23M2＋32M1＋

8S，最长染色体与最短染色体的比值为1.99，臂比变化范围1.02～2.08，臂比＞2的染色体比例是0.04，核型不对称系数为60.33%，核型为2A（图5-7，表5-3）。

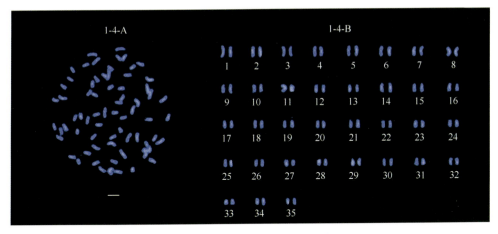

图5-7　中甸刺玫1-4植株的中期染色体及核型

（7）2-1植株

采集自塘坯的2-1植株花盛开时为玫红色，花直径7～10.5cm，花瓣数5，其染色体数为70。核型公式$2n=10x=70=26sm+44m$，由13对近中部着丝点染色体和22对中部着丝点染色体组成，没有发现随体。染色体长度组成为9L＋17M2＋41M1＋3S，最长染色体与最短染色体的比值为1.96，臂比变化范围1.02～2.23，臂比＞2的染色体比例是0.07，核型不对称系数为60.59%，核型为2A（图5-8，表5-3）。

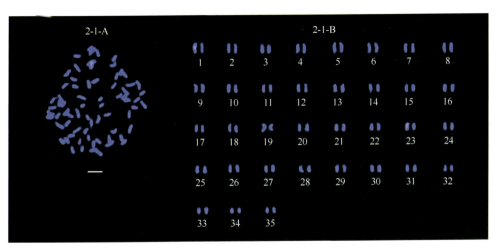

图5-8　中甸刺玫2-1植株的中期染色体及核型

（8）2-2 植株

采集自塘坡的2-2植株花盛开时为深粉红色，花直径7～10cm，花瓣数5，其染色体数为70，核型公式$2n=10x=70=16sm+54m$，由8对近中部着丝点染色体和27对中部着丝点染色体组成，没有发现随体。染色体长度组成为$5L+25M2+36M1+4S$，最长染色体与最短染色体的比值为2.33，臂比变化范围1.05～2.21，臂比>2的染色体比例是0.01，核型不对称系数为59.84%，核型为2B（图5-9，表5-3）。

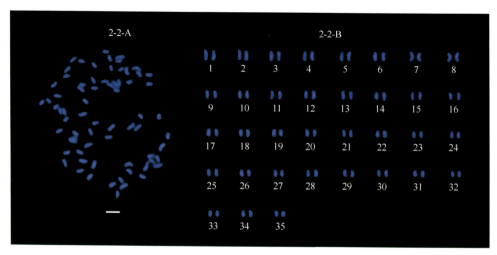

图5-9 中甸刺玫2-2植株的中期染色体及核型

（9）2-3 植株

采集自塘坡的2-3植株花盛开时为桃红色，花直径9～11cm，花瓣数5～11，其染色体数为70，核型公式$2n=10x=70=24sm+46m$，由12对近中部着丝点染色体和23对中部着丝点染色体组成，没有发现随体。染色体长度组成为$8L+18M2+41M1+3S$，最长染色体与最短染色体的比值为2.06，臂比变化范围1.09～2.41，臂比>2的染色体比例是0.10，核型不对称系数为61.41%，核型为2B（图5-10，表5-3）。

（10）3-1 植株

采集自热水塘的3-1植株花盛开时边缘为深桃红色，中央为粉白色，花直径8cm，花瓣数5，染色体数为65，是目前在中甸刺玫中发现的唯一一个非整倍体。

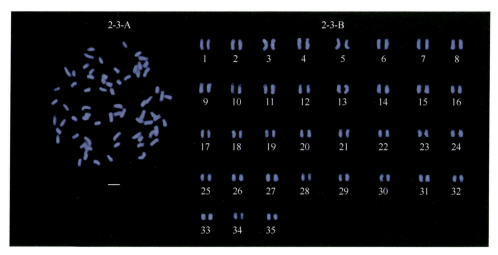

图 5-10　中甸刺玫 2-3 植株的中期染色体及核型

其核型公式 $2n=9x+2=65=22sm+43m$，由 11 对近中部着丝点染色体和 43 条中部着丝点染色体组成，没有发现随体。染色体长度组成为 $10L+12M2+41M1+2S$，最长染色体与最短染色体的比值为 1.93，臂比变化范围 1.06~2.86，臂比>2 的染色体比例是 0.13，核型不对称系数为 61.43%，核型为 2A（图 5-11，表 5-3）。

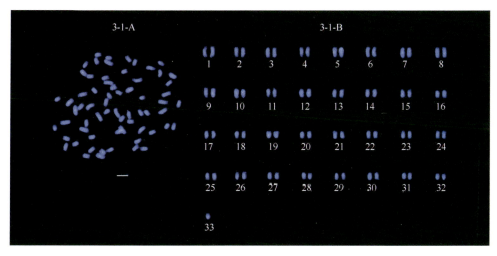

图 5-11　中甸刺玫 3-1 植株的中期染色体及核型

（11）3-2 植株

采集自碧古的 3-2 植株花盛开时边缘为深桃红色，中央为粉白色，花直径 7~10cm，花瓣数 5，其染色体数为 63，是一个九倍体。核型公式 $2n=9x=63=23sm+40m$，由 23 条近中部着丝点染色体和 20 对中部着丝点染色体组成，没有发现随体。染色体长度组成为11L＋13M2＋35M1＋4S，最长染色体与最短染色体的比值为2.36，臂比变化范围1.03～2.59，臂比＞2的染色体比例是0.04，核型不对称系数为61.15%，核型为2B（图5-12，表5-3）。

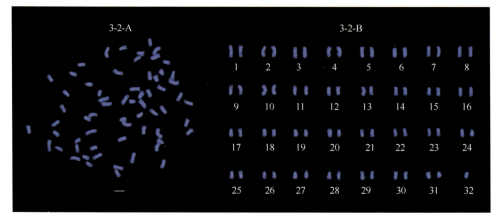

图5-12　中甸刺玫3-2植株的中期染色体及核型

（12）4-1植株

采集自胡批的4-1植株花盛开时浅粉红色，花直径8.5～11cm，花瓣数5，其染色体数为70，核型公式$2n=10x=70=26sm+44m$，由13对近中部着丝点染色体和22对中部着丝点染色体组成，没有发现随体。染色体长度构成为3L＋29M2＋36M1＋2S，最长染色体与最短染色体的比值为1.91，臂比变化范围1.20～2.56，臂比＞2的染色体比例是0.08，核型不对称系数为61.35%，核型为2A（图5-13，表5-3）。

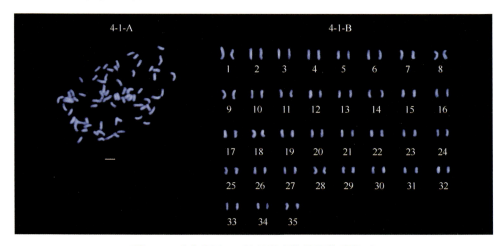

图5-13　中甸刺玫4-1植株的中期染色体及核型

(13) 4-2植株

采自胡批的4-2植株花盛开时粉色，花直径8~10cm，花瓣数5，有70条染色体，核型公式$2n=10x=70=32sm+38m$，由16对近中部着丝点染色体和19对中部着丝点染色体组成，没有发现随体。染色体长度组成为$9L+19M2+40M1+2S$，最长染色体与最短染色体的比值为3.11，臂比变化范围1.01~2.27，臂比>2的染色体比例是0.05，核型不对称系数为62.12%，核型为2B（图5-14，表5-3）。

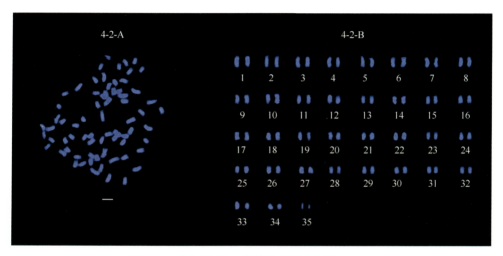

图5-14 中甸刺玫4-2植株的中期染色体及核型

(14) 5-1植株

采自布呵谷老村的5-1植株花盛开时桃红色，花直径8~10cm，花瓣数5，有70条染色体，核型公式$2n=10x=70=16sm+54m$，由8对近中部着丝点染色体和27对中部着丝点染色体组成，没有发现随体。染色体长度组成为$12L+10M2+44M1+4S$，最长染色体与最短染色体的比值为2.12，臂比变化范围1.17~2.27，臂比>2的染色体比例是0.02，核型不对称系数为59.84%，核型为2B（图5-15，表5-3）。

(15) 5-2植株

采自胡批的5-2植株花盛开时粉红色，花直径8~11cm，花瓣数5，其染色体数为70，核型公式$2n=10x=70=18sm+52m$，由9对近中部着丝点染色体和26对中部着丝点染色体组成，没有发现随体。染色体长度组成为$8L+22M2+34M1+$

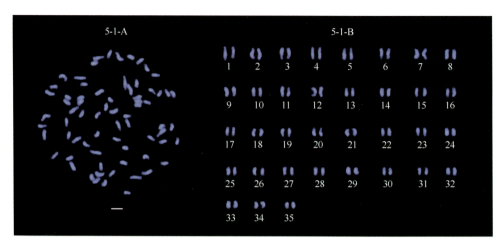

图 5-15 中甸刺玫 5-1 植株的中期染色体及核型

6S,最长染色体与最短染色体的比值为 2.63,臂比变化范围 1.07~2.30,臂比>2 的染色体比例是 0.02,核型不对称系数为 60.28%,核型为 2B(图 5-16,表 5-3)。

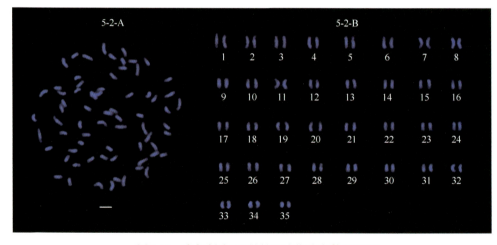

图 5-16 中甸刺玫 5-2 植株的中期染色体及核型

(16) 6-1 植株

采自布呵谷老村的 6-1 植株花盛开时深粉红色,花直径 7~10cm,花瓣数 5,其染色体数为 70,核型公式 $2n=10x=70=24sm+46m$,由 12 对近中部着丝点染色体和 23 对中部着丝点染色体组成,没有发现随体。染色体长度组成为 8L+21M2+36M1+5S,最长染色体与最短染色体的比值为 2.66,臂比变化范围 1.06~2.14,臂比>2 的染色体比例是 0.04,核型不对称系数为 60.13%,核型为 2B(图 5-17,表 5-3)。

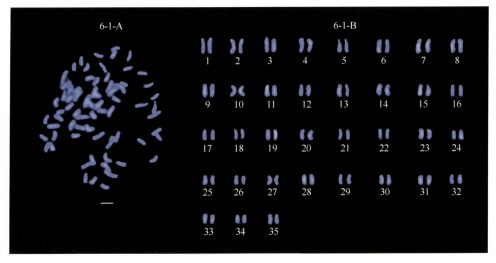

图5-17 中甸刺玫6-1植株的中期染色体及核型

(17) 6-2植株

采自布呵谷老村的6-2植株花盛开时为深粉红色,花直径9～11cm,花瓣数5～6,其染色体数为70,核型公式$2n=10x=70=36sm+34m$,由18对近中部着丝点染色体和17对中部着丝点染色体构成,没有发现随体。染色体长度组成为$2L+28M2+38M1+2S$,最长染色体与最短染色体的比值为1.82,臂比变化范围1.30～2.47,臂比>2的染色体比例是0.20,核型不对称系数为62.78%,核型为2A(图5-18,表5-3)。

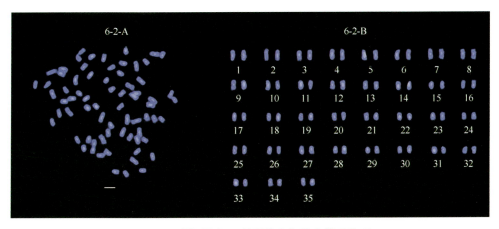

图5-18 中甸刺玫6-2植株的中期染色体及核型

(18) 7-1 植株

采集自乃司的 7-1 植株花盛开时为粉色,花直径 9~11cm,花瓣数 5,有 70 条染色体,核型公式 $2n=10x=70=14sm+56m$,由 7 对近中部着丝点染色体和 28 对中部着丝点染色体组成,没有发现随体。染色体长度构成为 $11L+15M2+35M1+9S$,最长染色体与最短染色体的比值为 2.44,臂比变化范围 1.03~2.07,臂比>2 的染色体比例是 0.04,核型不对称系数为 59.04%,核型为 2B(图 5-19,表 5-3)。

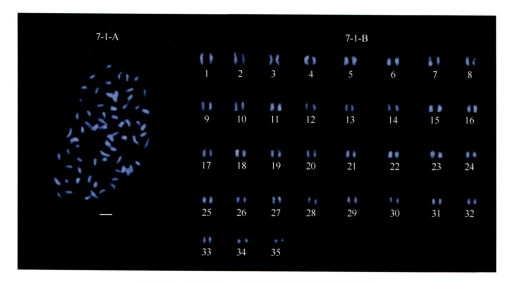

图 5-19　中甸刺玫 7-1 植株的中期染色体及核型

(19) 7-2 植株

采集自乃司的 7-2 植株花盛开时为粉色,花直径 9~11cm,花瓣数 5,有染色体 70 条,核型公式 $2n=10x=70=28sm+42m$(1sat,1),由 14 对近中部着丝点染色体和 21 对中部着丝点染色体组成,第 1 对染色体发现 1 条随体。染色体长度组成为 $7L+21M2+35M1+7S$,最长染色体与最短染色体的比值为 2.26,臂比变化范围 1.10~2.44,臂比>2 的染色体比例是 0.08,核型不对称系数为 61.25%,核型为 2B(图 5-20,表 5-3)。

(20) 8-1 植株

采集自昌都学鱼塘的 8-1 植株花盛开时为浅粉白,花直径 7cm,花瓣数 5,有 63 条染色体,核型公式 $2n=9x=63=28sm+35m$,由 14 对近中部着丝点染色体和 35

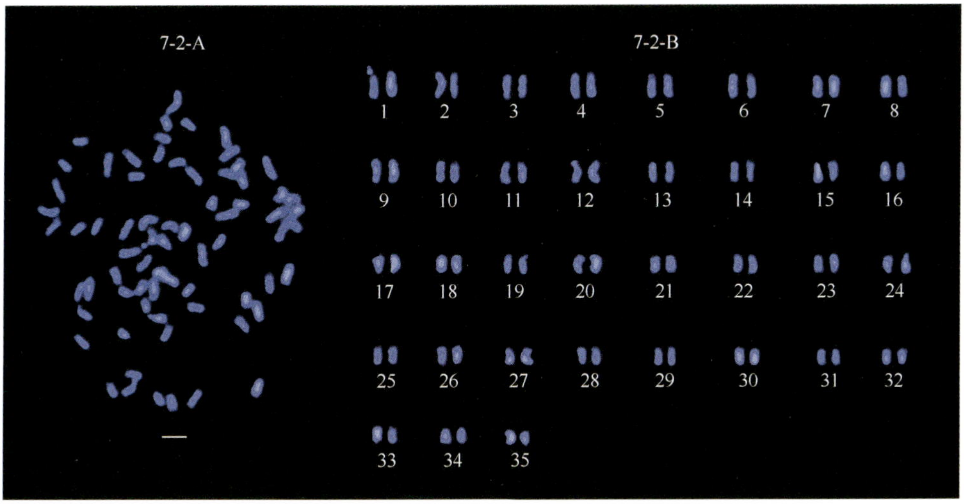

图 5-20　中甸刺玫 7-2 植株的中期染色体及核型

条中部着丝点染色体组成，没有发现随体。染色体长度组成为 6L＋21M2＋35M1＋1S，最长染色体与最短染色体的比值为 2.03，臂比变化范围 1.07～2.56，臂比＞2 的染色体比例是 0.12，核型不对称系数为 62.08%，核型为 2B（图 5-21，表 5-3）。

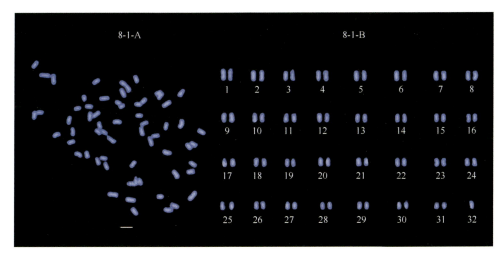

图 5-21　中甸刺玫 8-1 植株的中期染色体及核型

（21）8-2 植株

采自布呵谷老村的 8-2 植株花盛开时为粉白色，花直径 10cm，花瓣数 5，有 70 条染色体，核型公式 $2n=10x=70=18sm+52m$，由 9 对近中部着丝点染色体和 26 对中部着丝点染色体组成，没有发现随体。染色体长度组成为 3L＋25M2＋38M1

＋4S，最长染色体与最短染色体的比值为1.96，臂比变化范围1.01～2.35，臂比＞2的染色体比例是0.07，核型不对称系数为59.40%，核型为2A（图5-22，表5-3）。

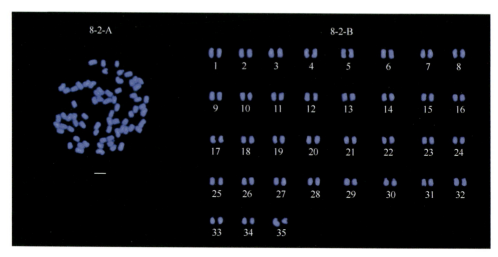

图5-22　中甸刺玫8-2植株的中期染色体及核型

（22）9-1植株

采集自桃木谷的9-1植株花盛开时为淡粉色，花直径9～12cm，花瓣数5，其染色体数为70，核型公式$2n=10x=70=18sm+52m$，由9对近中部着丝点染色体和26对中部着丝点染色体组成，没有发现随体。染色体长度组成为7L＋19M2＋38M1＋6S，最长染色体与最短染色体的比值为2.22，臂比变化范围1.07～2.27，臂比＞2的染色体比例是0.05，核型不对称系数为57.65%，核型为2B（图5-23，表5-3）。

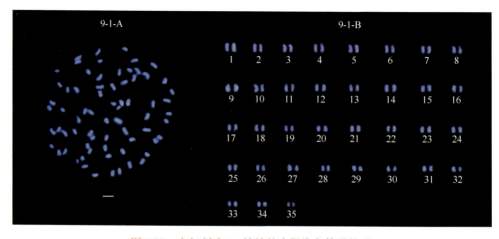

图5-23　中甸刺玫9-1植株的中期染色体及核型

5.4 中甸刺玫种内基于rDNA FISH的核型变异

5.4.1 中甸刺玫种内不同表型植株的染色体数量

如前所述，10个代表性表型中来自昌都学鱼塘（表型J）的浅粉白花较小的植株为九倍体（表5-3，植株编号8-1；图5-24，10-A和10-B），核型公式为$2n=9x=63$；来自热水塘的桃红芯白的个体（表型E）为非整九倍体，核型公式为$2n=9x+2=65$（表5-3，植株编号3-1；图5-24，5-A和5-B）。

5.4.2 中甸刺玫种内不同表型植株的rDNA数量和位置

中甸刺玫种内不同代表性表型的植株基于45S rDNA和5S rDNA的染色体荧光原位杂交结果如图5-24所示。由表5-4可知，不同植株的45S rDNA荧光原位杂交位点有4~10个，表型A和表型B的染色体组中均有10个45S rDNA杂交位点，而来自塘坡的桃红大花半重瓣表型D以及非整九倍体的表型E均仅有4个45S rDNA杂交位点。表型C和G都有6个45S rDNA杂交位点，而表型F和H各有9个45S rDNA杂交位点。九倍体（表型J）和表型I各有8个45S rDNA杂交位点。它们中有6个表型（B、D、F、G、I和J）的45S rDNA为断开的或有裂隙的脆性位点。除了那些和染色体完全断开的脆性位点，所有的45S rDNA杂交位点均位于近中部着丝点染色体的短臂的末端。中甸刺玫供试的所有代表性表型植株的染色体组中的5S rDNA数量与倍性一致（图5-24，表5-5），所有的十倍体植株均有5对也就是10个5S rDNA荧光原位杂交位点，而九倍体和非整九倍体植株均有9个也就是4对和1个未成对的5S rDNA荧光原位杂交位点。所有的5S rDNA杂交位点均位于近中部着丝点染色体的着丝粒区域。此外，所有的5S rDNA和45S rDNA杂交位点都无共线性，也就是二者位于不同的染色体上。

5.4.3 中甸刺玫种内的rDNA位点的分布和荧光强度

如图5-24、表5-4和表5-5所示，中甸刺玫种内不同表型植株的45S rDNA和

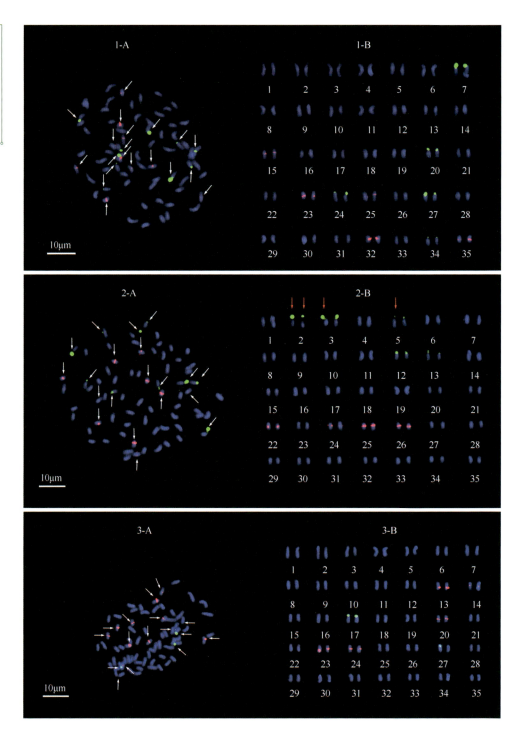

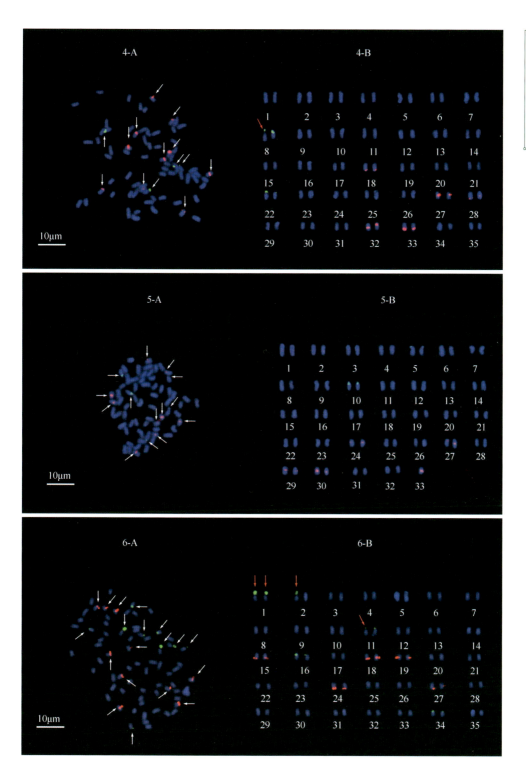

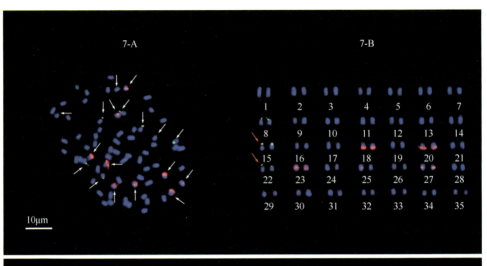
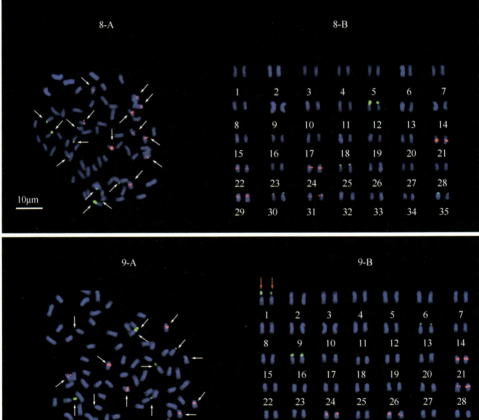

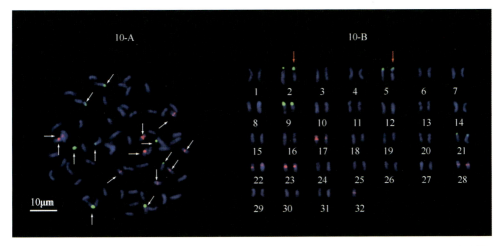

图 5-24 中甸刺玫不同代表性表型植株基于45S rDNA（绿色）和5S rDNA（红色）的染色体荧光原位杂交中期染色体及核型

A. 中期染色体；B. 核型；1～10分别对应表型A～J；白色箭头表示rDNA杂交信号，红色箭头表示45S rDNA脆性位点

表 5-4 中甸刺玫不同表型植株的45S rDNA杂交信号的数量、位置和荧光强度，以及脆性位点的数量和位置

表型	杂交信号数量	杂交信号位置和荧光强度	脆性位点的数量和位置
A	10	7S（sm，B+B），20S（sm，M+M），24S（sm，W+M），27S（sm，B+M），34S（sm，W+W）	0
B	10	2S（sm，B+M），3S（sm，B+B），5S（sm，W+W），12S（sm，M+M），13S（sm，W+W）	4 [2S（2），3S（1），5S（1）]
C	6	17S（sm，B+B），27S（sm，M+W），30S（sm，W+W）	0
D	4	8S（sm，M+B），22S（sm，M+W）	1 [8S（1）]
E	4	5S（sm，W+W），10S（sm，W+W）	0
F	9	1S（sm，B+B），2S（sm，M），11S（sm，W+W），16S（sm，M+W），34S（sm，W+W）	4 [1S（2），2S（1），11S（1）]
G	6	8S（sm，W+W），15S（sm，B+B），22S（sm，W+W）	2 [15S（1），22S（1）]
H	9	12S（sm，B+B），25S（sm，M+M），30S（sm，W+W），34S（sm，W），35S（sm，M+W）	0
I	8	1S（sm，B+W），14S（sm，W+W），17S（sm，B+B），19S（sm，W+W）	2 [1S（2）]
J	8	2S（sm，W+B），5S（sm，W+W），9S（sm，B+B），21S（sm，W+W）	3 [2S（2），5S（1）]

注：m，中部着丝点染色体；sm，近中部着丝点染色体；L，染色体长臂；S，染色体短臂；B，荧光强度较强；M，荧光强度中等；W，荧光强度较弱。

5S rDNA荧光原位杂交信号的分布及荧光强度变异较大。不同表型的染色体组中较强信号、中等强度信号和较弱信号的数量组合不同。此外，杂交信号分布在不同的染色体上。例如，表型A的10个45S rDNA杂交信号中，第7对染色体上的2个和第27对中的1个共3个位点的荧光信号强度很强，第20对上的2个、第24对的1个和第27对上的另1个共4个位点的信号强度中等，而第24对的另一个和第34对上的2个共3个则较弱。在表型B的染色体组中，第2对的1个和第3对上的2个共3个位点的信号很强，第2对上的另1个和第12对上的2个共3个位点信号强度中等，而余下的第5对和第13对上各2个共4个位点的荧光强度较弱。表型A的10个5S rDNA杂交信号中，第23对和第35对染色体上各1个及第32对上的2个共4个位点的荧光强度较强，第23对和第25对染色体上的各1个共2个位点的强度中等，第15对上的2个以及第25和第35对上各1个共4个强度较弱，而表型B的第22、第25和第26各2个共6个5S rDNA信号很强，第24对上的1个信号强度中等，余下的在第15对染色体上的2个及第24对上的另一个共3个信号较弱。

表5-5 中甸刺玫不同表型植株的5S rDNA杂交信号的数量、位置和荧光强度

表型	数量	杂交信号位置和荧光强度
A	10	15L（sm，W+W），23L（sm，B+M），25L（sm，W+M），32L（sm，B+B），35L（sm，W+B）
B	10	15L（sm，W+W），22L（sm，B+B），24L（sm，M+W），25L（sm，B+B），26L（sm，B+B）
C	10	13L（sm，B+B），14L（sm，W+W），20L（sm，M+M），23L（sm，B+B），24L（sm，M+M）
D	10	18L（sm，W+W），27L（sm，B+B），28L（sm，W+W），32L（sm，B+B），33L（sm，B+B）
E	9	24L（sm，W+W），27L（sm，W+M），29L（sm，M+W），30L（sm，B+M），33L（sm，B）
F	10	15L（sm，B+B），18L（sm，B+B），19L（sm，B+B），24L（sm，B+B），27L（sm，B+W）
G	10	18L（sm，B+B），20L（sm，B+B），23L（sm，B+B），25L（sm，W+W），27L（sm，B+B）
H	10	21L（sm，B+B），22L（sm，M+W），24L（sm，B+B），29L（sm，B+B），31L（sm，W+B）
I	10	22L（sm，B+B），28L（sm，W+W），29L（sm，B+B），31L（sm，B+B），34L（sm，B+M）
J	9	17L（sm，B+W），22L（sm，W+W），23L（sm，B+B），28L（sm，W+W），32L（sm，W）

注：m，中部着丝点染色体；sm，近中部着丝点染色体；L，染色体长臂；S，染色体短臂；B，荧光强度较强；M，荧光强度中等；W，荧光强度较弱。

5.5 小　　结

滇西北中甸高原特有的极危植物中甸刺玫是十倍体。十倍是目前世界上蔷薇属野生种中发现的最高倍性，中甸刺玫也是唯一有报道的十倍体野生蔷薇。分布

在欧洲和亚洲高纬度地区的八倍体刺蔷薇（2n=8x=56）是曾经报道过的染色体最多的蔷薇属野生种。香格里拉市所在的中甸高原平均海拔3459m，位于全世界生物多样性及染色体分化的热点地区之一——喜马拉雅东南缘。在该区域，蔷薇属植物的染色体倍性从二倍、四倍、六倍到十倍，表明与高海拔相关联的极端的环境促进了多倍体蔷薇的形成。Levin（2002）认为被子植物通过多倍化形成新复合群的能力可以解释某些地区所拥有的物种高特有化现象。中甸刺玫在香格里拉的特有性可能是其高倍性所致。

蔷薇属中种间杂交很常见，甚至是该属植物最主要的演化动力之一（Wissemann and Ritz，2007）。虽然没有减数分裂的证据，但根据常规的染色体形态特征特别是一对近端着丝点染色体的存在，中甸刺玫应该是一个异源多倍体。蔷薇属大多数物种的核型为1A或2A，属于比较对称的原始核型（Crane and Byrne，2003）。中甸刺玫的核型为2A或2B，就染色体来说，其可能是一个较为进化的物种，由种间杂交后再染色体加倍而来，在该过程中2n配子发挥了非常重要的作用。因此，独特的十倍体中甸刺玫的发现将为理解蔷薇属植物的演化和分化提供证据，甚至为中国-喜马拉雅地区的物种形成过程提供线索。

在发现了中甸刺玫为十倍体的基础上，结合中甸刺玫种内丰富的表型变异，加大了细胞核型研究的采样范围，22个被研究的植株中有1个是非整倍体，染色体数为65条，有两个为九倍体，染色体数为63条，这3个个体的花朵直径显著小于其他十倍体个体。以45S rDNA和5S rDNA为探针对10个代表性表型各1个植株进行了核型分析，再次确认了中甸刺玫种内存在着染色体数量和核型的多样性。中甸刺玫种内不同代表性表型植株的45S rDNA荧光原位杂交位点有4～10个，其中有6个表型的植株有断开的或有裂隙的脆性位点，而这些脆性位点在常规压片法进行核型分析时由于分辨率和精确性的原因，有很大可能被认为是近端着丝点。除了那些和染色体完全断开的脆性位点，所有的45S rDNA位点均位于近中部着丝点染色体的短臂的末端。中甸刺玫供试的所有代表性表型植株的染色体组中的5S rDNA数量与倍性一致。所有的十倍体植株均有5对也就是10个5S rDNA荧光原位杂交位点，而九倍体和非整九倍体植株均有9个也就是4对和1个未成对的5S rDNA荧光原位杂交位点。所有的5S rDNA位点均位于近中部着丝点染色体的着丝粒区域。此外，所有的5S rDNA和45S rDNA位点都无共线性，也就是二者位于不同的染色体上。中甸刺玫种内不同表型植株的45S rDNA和5S rDNA荧光原位杂交信号的分布和荧光强度变异较大。不同表型的染色体组中较强信号、中等强度信号和较弱信号的数量组合不同。此外，杂交信号分布的染色体组合也不同。

多倍体易于形成非整倍体的配子和通过双重不分离而形成非整倍体后代或假整倍体后代。中甸刺玫分布很狭窄，因此其种内非整九倍体和九倍体等染色体数量变化不是由于环境变化所导致，而很可能是由于其杂交物种形成过程中亲本或种群稳定过程中自身产生的非整倍体配子或双重不分离现象所产生。如其他许多多倍体植物一样，中甸刺玫种内不同植株的45S rDNA荧光原位杂交位点在数量、位置、大小和荧光强度等方面的多样性很可能是染色体结构重组的结果，而5S rDNA位点的数量与染色体倍性一致，荧光强度的变异体现了种内不同表型植株在5S rDNA拷贝数上的多样性，可能是由于转座子介导的染色体重排导致了5S rDNA基因的丢失或移位。

多倍体形成过程中的DNA序列变化、重复基因的表达和功能的缺失、顺式和反式作用效应、染色质修饰、RNA介导途径以及调控网络等可能导致了多倍体常见的表型变异（Chen，2007）。从细胞遗传学的角度，非整倍体和假整倍体可能代表遗传负荷的一种形式而促成了表型变异；同时，同源重组也是遗传和表型变异的部分原因（Ramsey and Schemske，2002）。中甸刺玫是一个表型变异丰富的十倍体，其表型变异丰富的原因尚不清楚。我们有限的采样发现除了较多的植株为十倍体外，还有九倍体和非整九倍体，其表型特别是花型和花色上与其他显著不同。此外，不同表型的个体在染色体形态上也有较大差异，45S rDNA和5S rDNA荧光原位杂交信号的数量、分布和荧光强度等也各不相同，表明染色体结构重排和rDNA拷贝数的丢失或获得。因此，除了与高倍性相伴随的细胞增大、基因剂量效应、等位基因多样性及其他机制等造成的表型多样性，由染色体数量变化产生的非整倍体及可能的假九倍体，以及十倍体个体间在染色体结构上的变化等都可能在中甸刺玫的表型变异中发挥了重要的作用。中甸刺玫种内丰富的表型变异可能与其高染色体倍性本身导致的染色体数量变化，以及染色体结构重组导致的结构变化相关。也可以推测，如果对更多的中甸刺玫个体采样进行核型分析，可能会发现更多不同的染色体数量和核型。

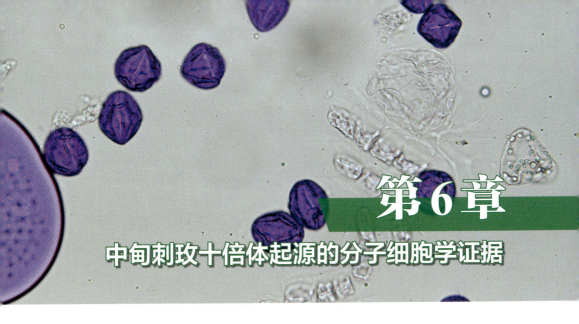

第6章
中甸刺玫十倍体起源的分子细胞学证据

一直以来，人们都认为蔷薇属野生种的染色体倍性除狗蔷薇组（sect. *Caninae*）因不等减数分裂是奇数整倍外（Täckholm，1922），其他都是从2倍（$2n=2x=14$）到8倍（$2n=8x=56$）的偶数整倍体（Darlington and Wylie，1955；Crane and Byrne，2003），其中染色体倍性最高的是八倍体（$2n=8x=56$）的刺蔷薇（Lewis，1959）。然而，如前一章所述，我们发现了云南香格里拉特有的中甸刺玫是十倍体（唐开学，2009；Jian et al.，2010），并根据染色体形态认为其是异源十倍体。那么，中甸刺玫是否是异源多倍体，哪些物种是其可能的原始供体亲本？

中甸刺玫的原产地——香格里拉位于滇、川、藏三省区交界处，地处喜马拉雅东南部的横断山地区，平均海拔3459m。这一地区自然环境复杂，不仅生物多样性丰富，而且特有现象突出（聂泽龙等，2004），与中甸刺玫同地区分布的其他蔷薇属植物共有20种（变种/型）（周丽华和徐廷志，2006）。其中，除细梗蔷薇（*R. graciliflora*）和多腺小叶蔷薇（*R. willmottiae* var. *glandulifera*）无染色体方面的研究报道外，二倍体（$2n=2x=14$）有15种，包括芹叶组（sect. *Pimpinelliifoliae*）的峨眉蔷薇（*R. omeiensis*）、绢毛蔷薇（*R. sericea*）、毛叶蔷薇（*R. mairei*）、川西蔷薇（*R. sikangensis*）和中甸蔷薇（*R. zhongdianensis*），合柱组（sect. *Synstylae*）的川滇蔷薇（*R. soulieana*）、卵果蔷薇（*R. helenae*）和复伞房蔷薇（*R. brunonii*），月季组（sect. *Chinenses*）的半栽培野生种——桔黄香水月季（*R. odorata* var. *pseudoindica*），桂味组（sect. *Cinnamomeae*）的钝叶蔷薇（*R. sertata*）、西南蔷薇（*R. murielae*）、西北蔷薇（*R. davidii*）、拟木香（*R. banksiopsis*）和全针蔷薇（*R. persetosa*），以及小叶组的缫丝花（*R. roxburghii*）。多倍体有4种：桂味组的刺蔷薇、大叶蔷薇和华西蔷薇是六倍体（$2n=6x=42$），中甸刺玫是十倍体（$2n=$

$10x=70$）（唐开学，2009；Jian et al.，2010，2013）。在云南分布的已有染色体报道的41个蔷薇属野生种（变种/型）中，二倍体33种、四倍体4种、六倍体3种、十倍体1种。值得注意的是，在已发现的8个多倍体蔷薇中，有5个与中甸刺玫分布区相同，而且包括了所有高于四倍体的种类（Jian et al.，2013）。Rowley（1967）认为蔷薇属植物的演化是从二倍体开始到八倍体且多倍体较二倍体更进化。从已有核型报道的种来看，中甸刺玫不具随体，由中部着丝点染色体（m）、近中部着丝点染色体（sm）和1对近端着丝点染色体（st）组成，核型为2B，其余野生种均由sm和m染色体组成，无st染色体。在染色体相对长度组成上，中甸刺玫与华西蔷薇、大叶蔷薇均由长染色体（L）、中长染色体（M2）、中短染色体（M1）和短染色体（S）四种相对长度类型的染色体组成（唐开学，2009；Jian et al.，2010，2013），它们之间的亲缘关系可能较近。由此可见，多倍化是香格里拉地区蔷薇属植物进化的一种重要方式。该地区蔷薇属植物的核型变异主要表现在倍性方面，倍性的变异揭示了它们在系统发育过程中的演变趋势。由本书第2章可知，中甸刺玫的系统位置应属于桂味组，在蔷薇属的系统发育树上与细梗蔷薇、华西蔷薇、尾萼蔷薇、西南蔷薇和西北蔷薇的亲缘关系最近（图2-18，图2-19），它们是其可能的供体亲本，但目前尚缺乏直接的证据说明中甸刺玫的供体亲本是哪些，哪些是可能的父本，哪些是可能的母本。这些问题的解答都需要进行更深入的研究。

由于蔷薇属植物的染色体小，传统压片法在鉴定同源染色体方面能提供的信息有限，而荧光原位杂交（FISH）是将荧光色基偶联到抗体上去检测探针，是细胞遗传学和分子生物学相结合的染色体分析方法，具有准确、直观等优点（刘爱平，2007）。核糖体DNA（ribosomal DNA，rDNA）是具有重要功能的保守重复序列，成簇分布于一对或多对染色体上。将rDNA作为一种分子标记探针对物种的染色体组进行荧光原位杂交，可为植物染色体分析和识别提供依据，并通过这些基因在染色体水平和基因组水平的定位比较研究来揭示其进化机制，有效地反映种属间的分化程度。种间亲缘关系越近，rDNA分布模式越相似，因而对rDNA的FISH分布模式进行比较，具有系统学意义，特别是对于染色体较小且形态相近的物种染色体分析是有效的手段（Liu and Gu，2009；Ding et al.，2016；Tan et al.，2017）。基因组原位杂交（GISH）是利用基因组DNA作为探针的FISH技术，它可以为近缘类群尤其是野生的多倍体物种的基因组同源性研究提供清楚的高质量证据（Liu and Gu，2009）。

为了探明中甸刺玫的十倍体起源，先根据双亲遗传的5S rDNA序列比对排除其不可能的亲本并确定其可能的亲本，再通过母系遗传的叶绿体DNA序列比对确定其可能的母本；在此基础上以45S rDNA和5S rDNA为探针对中甸刺玫分布区的蔷薇属野生种的体细胞染色体进行荧光原位杂交（FISH），研究它们的rDNA空间分布特征，比较这些野生种在染色体组及倍性水平上的差异，探讨中甸刺玫的可能供体亲本，获得中甸刺玫起源的分子细胞遗传学证据。

6.1 中甸刺玫基于5S rDNA的可能亲本

基于5S rDNA构建的系统树（王开锦等，2018），华西蔷薇、细梗蔷薇、多腺小叶蔷薇、西南蔷薇、钝叶蔷薇、尾萼蔷薇、腺叶扁刺蔷薇、西北蔷薇以及刺蔷薇等蔷薇与中甸刺玫聚在一起，是其近缘种。将来自中甸刺玫不同植株的共44个单克隆作为整体，与这些近缘种进行序列比对，结果表明，多腺小叶蔷薇（克隆1）、腺叶扁刺蔷薇（克隆2）、刺蔷薇（克隆1）各有1个差异位点；刺蔷薇（克隆2）有2个差异位点；腺叶扁刺蔷薇（克隆3）有4个差异位点；钝叶蔷薇（克隆2）有2个片段共8个碱基的缺失；钝叶蔷薇（克隆1）有2个片段共8个碱基的缺失和2个差异位点，而尾萼蔷薇、西南蔷薇（克隆2）、西北蔷薇（克隆1）与中甸刺玫整体相比无明显差异位点（图6-1）。因此，多腺小叶蔷薇、腺叶扁刺蔷薇、刺蔷薇及钝叶蔷薇与中甸刺玫的亲缘关系相对较远；而细梗蔷薇、华西蔷薇、尾萼蔷薇、西南蔷薇（克隆2）和西北蔷薇（克隆1）与中甸刺玫的亲缘关系更近，更可能是中甸刺玫的亲本。同时，由于细梗蔷薇与中甸刺玫共有2个特有片段和4个特有碱基，而华西蔷薇与其共有3个特有的碱基（图6-1，表6-1），因此，细梗蔷薇、华西蔷薇或二者各自的亲本最有可能是中甸刺玫的原始亲本，直接参与了中甸刺玫的物种形成。

表6-1 中甸刺玫及其近缘种的重要杂合位点（王开锦等，2018）

	8bp	10bp	74bp	102bp	116bp	118bp	119bp
中甸刺玫	C/T	C/T	C/T	A/G	A/C	T/A	G/T
细梗蔷薇	C	C	C	A	C	T	T
华西蔷薇	T	T	T	G	A	T/A	G
西南蔷薇	T	T	T	G	C	T	T
西北蔷薇	T	T	T	G	C	T	T
多腺小叶蔷薇	T	T	T	G	C	T	T
腺叶扁刺蔷薇	T	T	T	G	C	T	T
尾萼蔷薇	T	T	T	G	C	T	T
刺蔷薇	T	T	T	G	C	T	T
钝叶蔷薇	T	T	T	G	C	T	T

注：下划线表示与中甸刺玫共有的特有碱基。

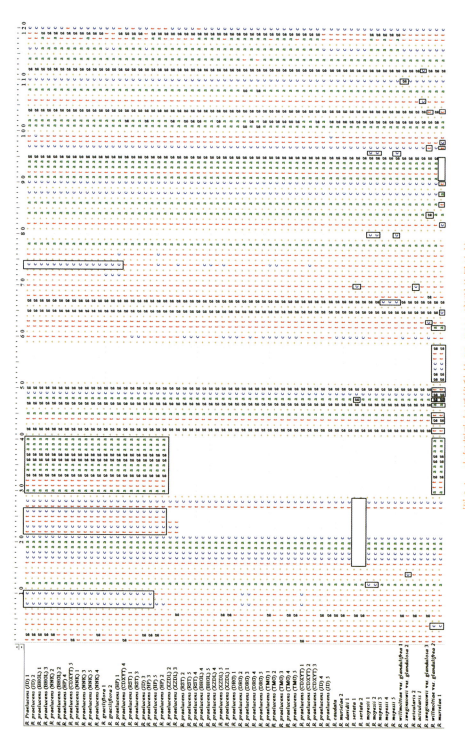

图6-1 中甸刺玫与近缘种的5S rDNA序列差异比较

* 表示碱基一致

6.2　中甸刺玫基于叶绿体DNA片段的可能母本

基于4个cpDNA片段联合分析的系统树（王开锦等，2018），把中甸刺玫与除粉蕾木香外的所有桂味组蔷薇和芹叶组的细梗蔷薇进行序列比对，结果表明，与中甸刺玫9个序列构成的整体相比，细梗蔷薇、多腺小叶蔷薇及华西蔷薇差异位点较多，亲缘关系较远，可以排除是其母本的可能。而钝叶蔷薇、大叶蔷薇、腺叶扁刺蔷薇、刺蔷薇、尾萼蔷薇、全针蔷薇、西南蔷薇、西北蔷薇及铁杆蔷薇等物种与中甸刺玫的整体序列相比并无差异。因此，它们与中甸刺玫可能拥有共同的母系祖先，或者其中至少一个种可能是中甸刺玫的原始母本。

6.3　中甸刺玫基于rDNA FISH的可能供体亲本

由以上5S rDNA和4个叶绿体DNA片段的序列比对结果可知，中甸刺玫的十倍体起源很复杂，细梗蔷薇、华西蔷薇、尾萼蔷薇、西南蔷薇和西北蔷薇是与其关系最近的野生近缘种，都可能是其亲本。由于细梗蔷薇和华西蔷薇不可能是其母本，因此其原始母本最可能是尾萼蔷薇、西南蔷薇和西北蔷薇的其中之一或共同母本，而细梗蔷薇和华西蔷薇极可能是其父本。由于尾萼蔷薇分布在1650～2000m的陕西、四川和湖北等地，与中甸刺玫的分布不同域，可以排除是中甸刺玫原始亲本的可能性。本部分则以45S rDNA和5S rDNA为探针的FISH技术对中甸刺玫及与之分布区相同或接近的其他20个蔷薇属野生种的细胞分裂间期与中期染色体进行核型分析，一方面明确这些蔷薇属植物基于45S rDNA与5S rDNA的染色体结构和核型特征，另一方面探讨中甸刺玫基于分子细胞遗传学的可能亲本。荧光原位杂交的染色体制备及杂交技术见本书第5章。

6.3.1　中甸刺玫及同域或邻域近缘种基于FISH的染色体特征

（1）细梗蔷薇

细梗蔷薇细胞分裂间期和中期染色体上45S rDNA和5S rDNA的杂交位点都

是2个，且45S rDNA和5S rDNA杂交位点分布在不同的同源染色体上（图6-2）。45S rDNA杂交位点在第7对同源染色体上，2个杂交位点位于短臂的末端并有2个脆性位点，其中1个脆性位点连在染色体短臂上，另1个与染色体已分开。细梗蔷薇的5S rDNA杂交位点位于第6对同源染色体长臂近着丝点处，这对染色体是异形同源染色体。

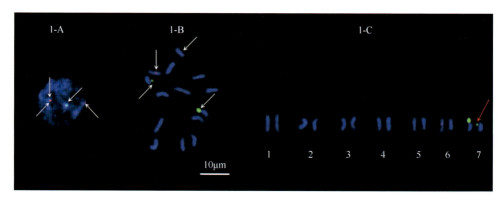

图6-2 细梗蔷薇的细胞核型

A. 细胞分裂间期；B. 中期；C. 染色体配对与排序；绿色位点：45S rDNA，红色位点：5S rDNA；白色箭头指示杂交位点位置，红色箭头指示脆性位点。下同

（2）峨眉蔷薇

峨眉蔷薇细胞分裂间期和中期染色体上的45S rDNA和5S rDNA杂交位点都是2个。中期45S rDNA和5S rDNA杂交位点分布在不同的同源染色体上（图6-3）。45S rDNA杂交位点在第3对同源染色体上，2个杂交位点位于短臂的末端，其中1个存在脆性位点，该脆性位点与染色体连在一起。峨眉蔷薇的5S rDNA杂交位点在第6对同源染色体长臂近着丝点处。

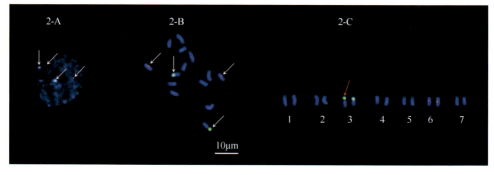

图6-3 峨眉蔷薇的细胞核型

（3）绢毛蔷薇

绢毛蔷薇细胞分裂间期和中期的染色体上45S rDNA和5S rDNA的杂交位点都是2个。中期45S rDNA和5S rDNA杂交位点分布在不同的同源染色体上（图6-4）。45S rDNA杂交位点在第4对同源染色体上，2个杂交位点位于短臂的末端并出现了1个断裂的脆性位点。5S rDNA杂交位点在第5对同源染色体长臂近着丝点处，这对染色体是异形同源染色体。

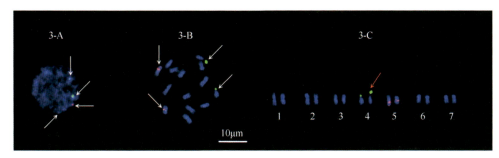

图6-4 绢毛蔷薇的细胞核型

（4）毛叶蔷薇

毛叶蔷薇细胞分裂间期和中期的染色体上45S rDNA和5S rDNA的杂交位点都是2个。中期45S rDNA和5S rDNA杂交位点分布在不同的同源染色体上（图6-5）。45S rDNA杂交位点在第5对同源染色体上，2个杂交位点位于短臂的末端并出现了1个脆性位点，该脆性位点的断裂处位于45S rDNA之内，导致断裂后其中一部分与染色体分开而另一部分仍在染色体短臂末端。5S rDNA杂交位点在第6对同源染色体长臂近着丝点处，这对染色体是异形同源染色体。

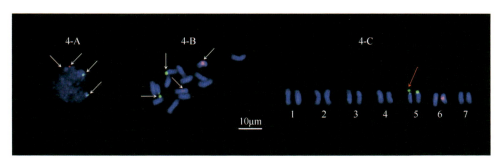

图6-5 毛叶蔷薇的细胞核型

（5）川西蔷薇

川西蔷薇细胞分裂间期和中期的染色体上45S rDNA和5S rDNA的杂交位点都是2个。中期45S rDNA和5S rDNA杂交位点分布在不同的同源染色体上（图6-6）。45S rDNA杂交位点在第5对同源染色体的短臂末端。5S rDNA杂交位点在第7对同源染色体长臂近着丝点处。

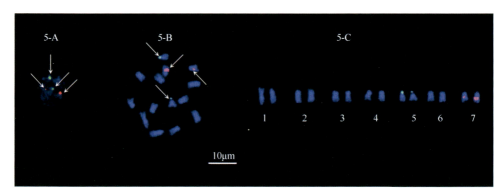

图6-6　川西蔷薇的细胞核型

（6）中甸蔷薇

中甸蔷薇细胞分裂间期和中期的染色体上45S rDNA和5S rDNA的杂交位点都是2个。中期45S rDNA和5S rDNA杂交位点分布在不同的同源染色体上（图6-7）。45S rDNA杂交位点在第2对同源染色体上短臂末端。5S rDNA杂交位点在第5对同源染色体长臂近着丝点处。

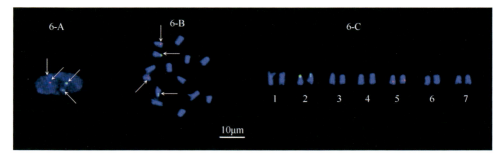

图6-7　中甸蔷薇的细胞核型

（7）多腺小叶蔷薇

多腺小叶蔷薇细胞分裂间期和中期的染色体上45S rDNA杂交位点有2个，

5S rDNA杂交位点有4个（图6-8）。中期有2个5S rDNA杂交位点和45S rDNA杂交位点在一条同源染色体上，也就是在第7对同源染色体长臂近着丝点处，另2个5S rDNA杂交位点单独位于第4对同源染色体长臂近着丝点处。45S rDNA杂交位点在第7对同源染色体的短臂末端。第7对同源染色体为异形同源染色体。

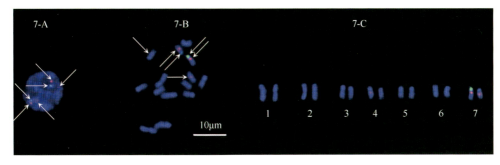

图6-8　多腺小叶蔷薇的细胞核型

（8）钝叶蔷薇

钝叶蔷薇细胞分裂间期和中期的染色体上45S rDNA和5S rDNA的杂交位点都是2个。中期45S rDNA和5S rDNA杂交位点分布在不同的同源染色体上（图6-9）。45S rDNA杂交位点在第3对同源染色体上短臂末端并出现了1个脆性位点，这个脆性位点虽然跟染色体断裂了但仍连在一起。5S rDNA杂交位点在第5对同源染色体长臂近着丝点处，这对染色体是异形同源染色体。

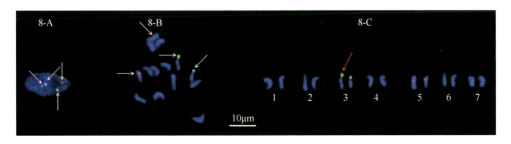

图6-9　钝叶蔷薇的细胞核型

（9）西北蔷薇

西北蔷薇细胞分裂间期和中期的染色体上45S rDNA杂交位点有2个，5S rDNA杂交位点在间期和中期染色体浓缩不完全的时候有4个，在中期染色体浓缩完全的情况下有2个（图6-10）。中期45S rDNA和5S rDNA杂交位点分布在不

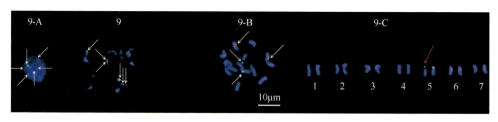

图6-10 西北蔷薇的细胞核型（9：浓缩不完全的中期染色体）

同的同源染色体上。45S rDNA杂交位点在第5对同源染色体上短臂末端并出现了1个断裂且分开的脆性位点。5S rDNA杂交位点在第6对同源染色体长臂近着丝点处。

（10）拟木香

拟木香细胞分裂间期染色体上45S rDNA杂交位点看起来有3个，中期染色体上45S rDNA杂交位点有2个，5S rDNA杂交位点在间期和中期染色体浓缩不完全的时候有4个，在中期染色体浓缩完全的情况下有2个。中期45S rDNA和5S rDNA杂交位点分布在不同的同源染色体上（图6-11）。45S rDNA杂交位点在第3对同源染色体短臂末端并出现了1个脆性位点，部分位点在染色体上，另一部分与染色体分开。5S rDNA杂交位点在第6对同源染色体长臂、短臂上都有，这对同源染色体是异形同源染色体。

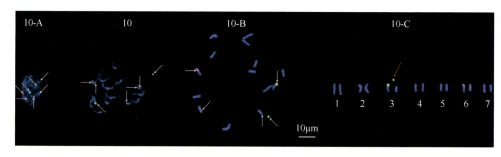

图6-11 拟木香的细胞核型（10：浓缩不完全的中期染色体）

（11）全针蔷薇

全针蔷薇细胞分裂间期和中期的染色体上45S rDNA和5S rDNA的杂交位点都是2个。中期45S rDNA和5S rDNA杂交位点分布在不同的同源染色体上（图6-12）。45S rDNA杂交位点在第3对同源染色体上短臂末端并出现了1个脆性位

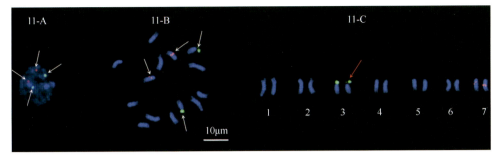

图6-12　全针蔷薇的细胞核型

点，部分位点在染色体上，另一部分与染色体分开。5S rDNA杂交位点在第7对同源染色体上，且第1条上长臂、短臂上都有，第2条上只在长臂近着丝点处。

（12）西南蔷薇

西南蔷薇细胞分裂间期和中期的染色体上45S rDNA和5S rDNA的杂交位点都是2个。中期45S rDNA和5S rDNA杂交位点分布在不同的同源染色体上（图6-13）。45S rDNA杂交位点在第5对同源染色体上短臂末端。5S rDNA杂交位点在第6对同源染色体长臂近着丝点处。

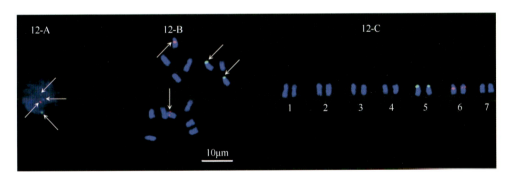

图6-13　西南蔷薇的细胞核型

（13）大叶蔷薇

大叶蔷薇细胞分裂间期和中期的染色体上45S rDNA和5S rDNA的杂交位点都是6个。中期45S rDNA和5S rDNA杂交位点分布在不同的同源染色体上（图6-14）。45S rDNA杂交位点在第7、第8和第12对同源染色体上短臂末端，在第7和第12对染色体上有2个脆性位点，而且这2个脆性位点直接与染色体断裂并分开。5S rDNA杂交位点在第11、第17、第18对同源染色体上，第11对染色

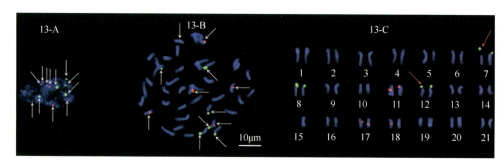

图6-14 大叶蔷薇的细胞核型

体上第2条染色体的5S rDNA杂交位点在短臂上,第11对染色体上第1条染色体和第17、18对染色体上的杂交位点在长臂近着丝点处。

(14) 刺蔷薇

刺蔷薇细胞分裂间期和中期的染色体上45S rDNA和5S rDNA的杂交位点都是6个。中期45S rDNA和5S rDNA杂交位点分布在不同的同源染色体上(图6-15)。45S rDNA杂交位点在第5、第6、第13对同源染色体上短臂末端,在第5对染色体上有2个断裂的脆性位点。5S rDNA杂交位点在第8、第16、第18对同源染色体上,第16对染色体上第1条染色体的5S rDNA杂交位点在长臂、短臂上都有,第18对染色体上第2条染色体5S rDNA杂交位点在短臂上,其他的第8对染色体和第16对染色体第2条染色体以及第18对染色体第1条染色体的杂交位点在长臂近着丝点处。

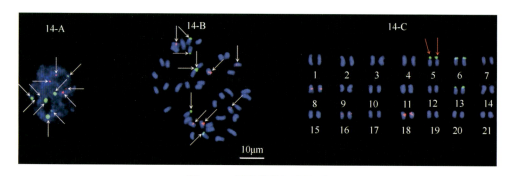

图6-15 刺蔷薇的细胞核型

(15) 华西蔷薇

华西蔷薇细胞分裂间期和中期的染色体上45S rDNA和5S rDNA的杂交位点都是6个。中期45S rDNA和5S rDNA杂交位点分布在不同的同源染色体上(图

6-16）。45S rDNA杂交位点在第16、第20、第21对同源染色体上短臂末端，在第20对染色体上有2个断裂但未分开的脆性位点。5S rDNA杂交位点在第13、第14、第17对同源染色体长臂近着丝点处。

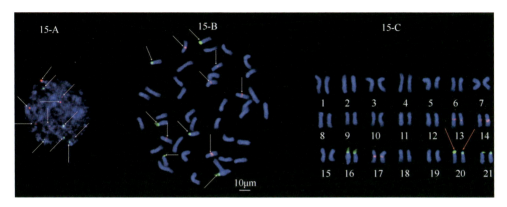

图6-16　华西蔷薇的细胞核型

（16）桔黄香水月季

桔黄香水月季细胞分裂间期和中期的染色体上45S rDNA杂交位点有2个，5S rDNA杂交位点有4个（图6-17）。中期有2个5S rDNA杂交位点和45S rDNA杂交位点在一条同源染色体上，也就是第6对同源染色体长臂近着丝点处，另2个5S rDNA杂交位点单独位于第3对同源染色体长臂近着丝点处。45S rDNA杂交位点在染色体短臂末端并出现了1个脆性位点，该位点的其中一部分与染色体完全分开。

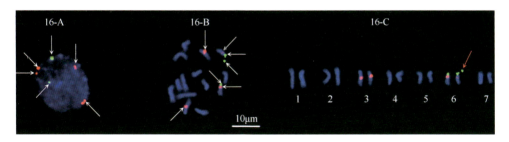

图6-17　桔黄香水月季的细胞核型

（17）卵果蔷薇

卵果蔷薇细胞分裂间期和中期的染色体上45S rDNA杂交位点有2个，5S

rDNA杂交位点有4个（图6-18）。中期有2个5S rDNA杂交位点和45S rDNA杂交位点在一条同源染色体上，也就是第7对同源染色体长臂近着丝点处，另2个5S rDNA杂交位点单独位于第6对同源染色体长臂近着丝点处。45S rDNA杂交位点在第7对同源染色体上短臂末端。第7对染色体是异形同源染色体。

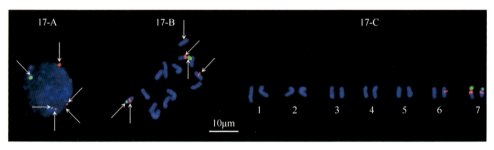

图6-18　卵果蔷薇的细胞核型

（18）复伞房蔷薇

复伞房蔷薇细胞分裂间期和中期的染色体上45S rDNA杂交位点有2个，5S rDNA杂交位点有4个（图6-19）。中期有2个5S rDNA杂交位点和45S rDNA杂交位点在一条同源染色体上，也就是第7对同源染色体长臂近着丝点处，另2个5S rDNA杂交位点单独位于第6对同源染色体长臂近着丝点处。45S rDNA杂交位点在第7对同源染色体上短臂末端。第7对染色体是异形同源染色体。

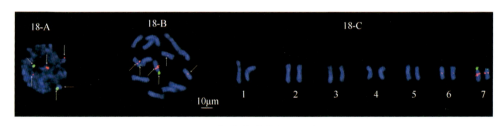

图6-19　复伞房蔷薇的细胞核型

（19）川滇蔷薇

川滇蔷薇细胞分裂间期和中期的染色体上45S rDNA杂交位点有2个，5S rDNA杂交位点有4个（图6-20）。中期有2个5S rDNA杂交位点和45S rDNA杂交位点在一条同源染色体上，也就是在第7对同源染色体长臂近着丝点，另2个5S rDNA杂交位点单独位于第6对同源染色体长臂近着丝点。45S rDNA杂交位点在第7对同源染色体上短臂末端。第6对和第7对染色体是异形同源染色体。

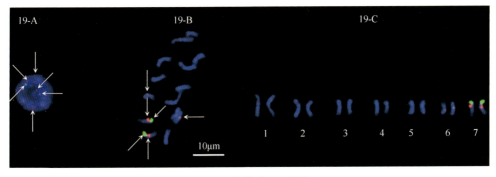

图6-20　川滇蔷薇的细胞核型

(20) 刺梨

刺梨细胞分裂间期和中期的染色体上45S rDNA和5S rDNA杂交位点都是2个（图6-21）。中期45S rDNA和5S rDNA杂交位点位于一条同源染色体上。45S rDNA杂交位点在第3对同源染色体的短臂末端并有2个脆性位点，这2个脆性位点虽然跟染色体断裂但还连在一起。5S rDNA杂交位点在第3对同源染色体长臂近着丝点处。

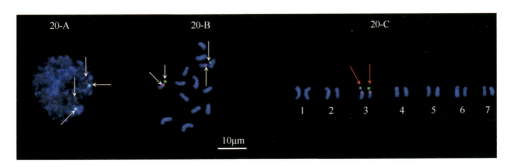

图6-21　刺梨的细胞核型

(21) 中甸刺玫

中甸刺玫细胞分裂间期和中期的染色体上，45S rDNA和5S rDNA的杂交位点都是10个（图6-22）。中期45S rDNA和5S rDNA杂交位点分别在不同的同源染色体上。45S rDNA杂交位点在第9、第10、第16、第20、第23对同源染色体上短臂末端，在第10对染色体上有2个断裂且分开的脆性位点。5S rDNA杂交位点在第13、第15、第25、第26、第31对同源染色体上，第13、第26、第31对的5S rDNA杂交位点在染色体长臂近着丝点处，第15对的5S rDNA杂交位点在染色体长臂的中部，第25对的5S rDNA杂交位点在染色体长臂的末端。

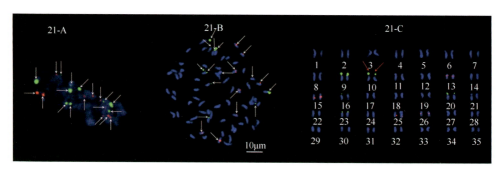

图6-22 中甸刺玫的细胞核型

6.3.2 基于rDNA FISH定位的中甸刺玫的可能亲本

由45S rDNA和5S rDNA的相对位置（图6-2～图6-22）可知：首先，多腺小叶蔷薇、桔黄香水月季、卵果蔷薇、复伞房蔷薇、川滇蔷薇和刺梨的45S rDNA和5S rDNA的杂交位点都位于同一对染色体的短臂和长臂上，而中甸刺玫的两种rDNA均位于不同的染色体上，因此可以从染色体水平上确定它们不是中甸刺玫的供体亲本。其次，拟木香和西北蔷薇细胞分裂间期5S rDNA的杂交位点有4个，但分裂中期杂交位点数只有2个，而十倍体中甸刺玫细胞分裂间期和中期的5S rDNA杂交位点都是10个，它们也不是中甸刺玫的供体亲本，从而排除了西北蔷薇是中甸刺玫原始亲本的可能性。再次，在中甸刺玫的非脆性位点的45S rDNA杂交位点中，有一对信号极弱，与中甸刺玫同域或邻域分布的蔷薇野生种中只有川西蔷薇和细梗蔷薇的一个45S rDNA杂交位点的信号强度与之相似，它们中的一个可能参与了中甸刺玫的形成。最后，因中甸刺玫有2个脆性位点，故具有脆性位点的细梗蔷薇、峨眉蔷薇、绢毛蔷薇、钝叶蔷薇、全针蔷薇、毛叶蔷薇、大叶蔷薇、刺蔷薇、华西蔷薇都有可能是中甸刺玫的亲本。然而，由本书第2章中基于5S rDNA、单拷贝核基因 *ncpGS* 和 *GAPDH*，以及叶绿体DNA的系统发育树可知，川西蔷薇、中甸蔷薇、毛叶蔷薇、峨眉蔷薇和绢毛蔷薇等与中甸刺玫的亲缘关系很远，可排除它们是中甸刺玫原始亲本的可能性。此外，由5S rDNA和叶绿体DNA序列比对的结果（本章6.1和6.2），可以排除多腺小叶蔷薇、拟木香、钝叶蔷薇、大叶蔷薇、刺蔷薇和全针蔷薇是中甸刺玫原始亲本的可能性。因此，结合分子证据，可以推测中甸刺玫的原始亲本可能是细梗蔷薇、华西蔷薇和西南蔷薇，其中细梗蔷薇和华西蔷薇是可能的父本，西南蔷薇是可能的母本。

6.4 中甸刺玫的减数分裂行为

5月末至6月初采集不同发育时期的中甸刺玫花蕾，剥去萼片和花瓣（图6-23）。花药经预处理、固定、酸解后用DAPI染色并进行压片镜检。通过对大量不同发育时期的中甸刺玫花粉母细胞进行观察，发现中甸刺玫的花粉母细胞在花蕾很小时即进行减数分裂，此时花蕾横径为3～4mm，花药仍为绿色，花丝长1mm（图6-23b）。此阶段的花药压片后可见到中甸刺玫减数分裂前期Ⅰ的终变期，其间存在圆圈状的多价体（图6-24）；也可见到减数分裂后期Ⅰ，同源染色体各自发生分离，并分别移向两极，还可见正常减数分

图6-23 不同发育时期的中甸刺玫花蕾及花药形态

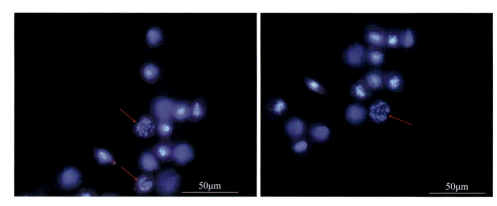

图6-24 中甸刺玫减数分裂前期Ⅰ的终变期（箭头表示多价体）

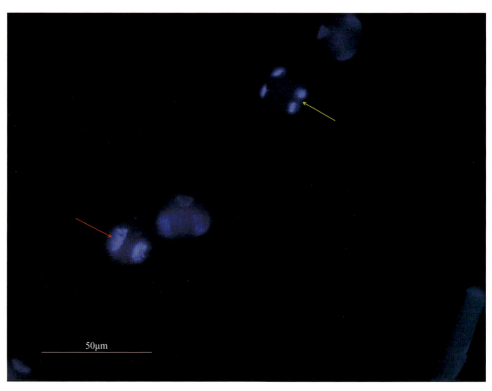

图6-25 中甸刺玫减后期Ⅰ（红箭头）和后期Ⅱ（黄箭头）

裂后期Ⅱ（图6-25），一些更成熟的花药压片后可见到减数分裂正常形成的四分体（图6-26）。在前期用石炭酸品红进行染色观察的实验中也可见四分体（图6-27）和花粉（图6-28）。中甸刺玫的花粉直径为0.25~0.33mm。此外，中甸刺玫的减数分裂过程中还会出现不正常分裂形成的三分体（图6-29）和二分体（图6-30）。

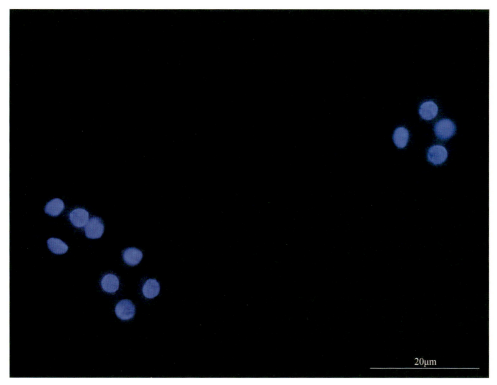

图6-26　中甸刺玫减末期Ⅱ正常形成的四分体

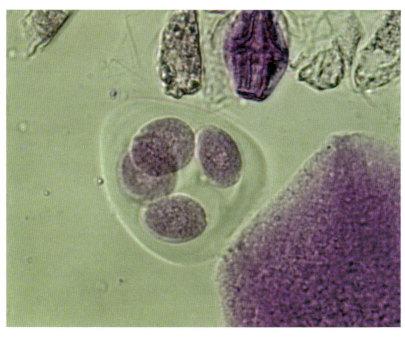

图6-27　中甸刺玫减末期Ⅱ正常形成的四分体

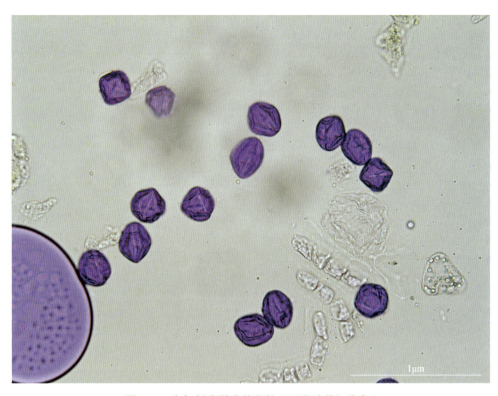

图6-28 中甸刺玫形成的花粉（石炭酸品红染色）

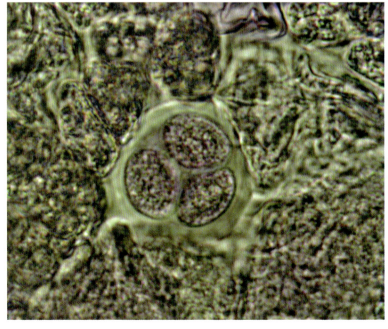

图6-29 中甸刺玫减末期Ⅱ不正常形成的三分体

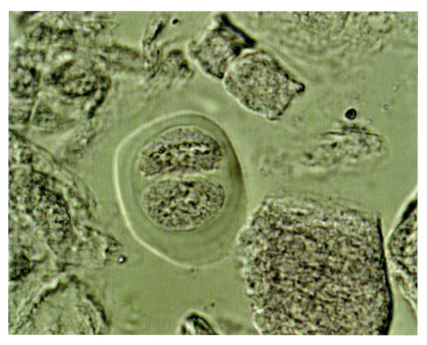

图6-30　中甸刺玫减末期Ⅱ不正常形成的二分体

　　由于中甸刺玫的染色体较小且观察到的减数分裂相较少，目前还没有很清晰地观察到中甸刺玫减数分裂过程中同源染色体联会和分离情况，未能统计减数分裂各单价体、二价体等的数目。后续还需要通过大量的减数分裂制片观察来验证中甸刺玫的多倍体类型。

6.5　小　　结

　　根据中甸刺玫及其同域或邻域分布的野生近缘种在叶绿体DNA片段和5S rDNA的序列比较，以及45S rDNA和5S rDNA在染色体组上的分布特点，中甸刺玫的原始母本最可能是西南蔷薇，父本可能是细梗蔷薇和华西蔷薇。研究结果不仅为中甸刺玫的分类地位修订提供了分子细胞遗传学证据，确定了可能的原始亲本，而且为进而研究其多倍化过程奠定了基础。由于目前还没有清晰地观察到中甸刺玫减数分裂过程中同源染色体联会和分离情况，尚不能验证中甸刺玫的多倍体类型。

第7章
中甸刺玫的遗传多样性及遗传结构

由于生境片段化、直接移栽采挖、环境污染、自然灾害和气候变化等，中国是世界上生物多样性受威胁最大的国家之一（覃海宁等，2017）。在全国分布的95种蔷薇属植物中，8种/变种蔷薇被认为受到了威胁，其中广东蔷薇（*R. kwangtungensis* var. *kwangtungensis*）属于易危（VU），单瓣月季花（*R. chinensis* var. *spontanea*）和玫瑰（*R. rugosa*）属于濒危（EN），中甸刺玫、琅琊山蔷薇（*R. langyashanica*）、丽江蔷薇（*R. lichiangensis*）、亮叶月季（*R. lucidissima*）和粉蕾木香（*R. pseudobanksiae*）属于极危（CR）。在《中国生物多样性红色名录——高等植物卷（2020）》中，被认为受威胁的蔷薇属物种及威胁等级略有改变，其中中甸刺玫的受威胁等级从"极危"降为了"濒危"（生态环境部和中国科学院，2020）。

物种长期生存的可能性与遗传多样性密切相关（Frankham et al.，2002），但这种多样性和结构又是物种当前进化过程和历史事件的结果（Hewitt，1996）。长远来说，遗传多样性降低会限制物种通过适应和选择来应对环境改变的能力。掌握现有居群的遗传多样性和遗传结构对制定正确的生物多样性保护计划很关键（Goossens et al.，2016）。分布区窄的植物一般比同属的广布种遗传多样性低（Gitzendanner and Soltis，2000），但由于进化历史的原因，有些稀有或濒危植物的遗传多样性也很丰富（Cole，2003；González-Astorga and Castillo-Campos，2004）。克隆生长是植物适应严酷环境的一种重要的生存方式，虽然克隆生长和空间隔离会降低居群内的遗传多样性并增加居群间的遗传分离（Despres et al.，2002），但一般来说克隆植物与非克隆植物一样在遗传上具有多样性。多倍化一般被认为在植物进化中发挥了重要作用（Dufresne et al.，2014），有研究认为在群体大小相同时，多倍体比二倍体的遗传多样性丢失得慢些（Luttikhuizen et al.，2007）。然而，尽管多倍体很重要，可获得的新基因组数据也越来越多，但由于其基因组演化非常复杂，人们对多倍体物种的居群遗传多样性的认识还远远不够（Dufresne et al.，2014）。

保护遗传学是对野外植物进行遗传背景研究的主要手段（Ouborg et al.，2010）。随着分子生物学的发展和多种软件的开发，各种分子标记技术如RAPD、简单序列重复区间（ISSR）、SSR和AFLP，以及核基因、线粒体基因或叶绿体基因片段，因不受选择压力的影响、能够提供植物DNA水平稳定和可靠的信息等优势在植物保护遗传学研究中得到广泛应用，以进行科学的监测和管理，但许多居群遗传学研究的标准工具都是针对二倍体物种来开发的，对多倍体并不适用（Dufresne et al.，2014）。在常用的分子方法中，AFLP的显性遗传的劣势在用于多倍体物种时却成为其优势，因为其可以避免基因剂量不确定性的问题，而可以为多倍体的起源和居群遗传结构研究提供强有力的信息。分子标记方面，AFLP因其不需事先知道基因序列、所需DNA量少、多态性高和可重复性高等优点（Vos et al.，1995；Bensch and Akesson，2005），正成为资源保护研究领域最流行的遗传分析工具之一（Arif et al.，2011）。与分子标记相比，基于基因序列的单倍型（haplotype）分析方法具有更高的准确性和可重复性，在保护遗传学中常用于确定那些保持了生物遗传完整性和进化潜能的急需保护的进化显著单元（evolutionary significant unit，ESU）。在植物中，线粒体基因的碱基替换率极低，核基因则可能由于基因重组、选择和等位基因差异而产生错误的研究结果。虽然叶绿体片段的变异也可能较低，但因其单亲遗传的特性已成为目前植物保护遗传学研究中应用最广泛的基因序列（Wang et al.，2009）。叶绿体DNA因为其母系遗传和个体间变异小，在二倍体和多倍体物种的谱系地理及居群遗传学研究上具有等效性（Segraves et al.，1999）。

中甸刺玫由于具有克隆生长习性、异源十倍体、丰富的细胞核型和表型变异等性状而对研究蔷薇属的物种形成与演化有重要的学术价值，其优异的观赏性和农艺性状使其成为一种重要的遗传育种资源。然而，由于生境片段化和人为破坏的影响，中甸刺玫正面临着灭绝的危险，对其采取相应的保护措施已非常紧迫。本章基于6对荧光AFLP引物和3个叶绿体DNA片段来研究中甸刺玫的遗传多样性和遗传分化，并提出相应的保护策略。

7.1　中甸刺玫基于cpDNA的遗传多样性和遗传结构

在进行居群详细调查的过程中，对个体数大于3的全部自然分布点中所有的植株共518个进行采样,同时对高山植物园、祝公苗圃和林技推广站这3个人工保存群体中的所有个体共56株进行采样。样品的居群信息见表7-1。提取所有样品及5个外类群(中甸蔷薇、峨眉蔷薇、钝叶蔷薇、玫瑰及全针蔷薇)的DNA用于后续实验。经预实验筛选 *trnS-trnG*、*rpl20-rps12* 和 *trnS-trnfM* 等3个叶绿体DNA片段的引物对全部样品进行扩增。引物序列、反应体系和反应程序以及后续的数据分析详见Jian等(2018)。

表7-1 中甸刺玫的居群信息及基于cpDNA的遗传多样性指数

居群	生境	样本数	cpDNA		
			单倍型分布	单倍型多样性Hd(SD)	核苷酸多态性π(SD)/$\times 10^{-3}$
高山植物园*	山坡	26	H1(15),H2(7),H3(1),H4(1),H5(2)	0.609(0.082)	0.93(0.11)
碧古	村边草甸	4	H1(2),H2(2)	0.667(0.204)	1.2(0.37)
布呵谷老村	山坡、山谷	77	H1(67),H2(5),H4(1),H6(3),H7(1)	0.240(0.063)	0.27(0.09)
布呵谷新村	路旁	3	H1(3)	0	0
布浓谷	村边山谷	5	H1(4),H2(1)	0.400(0.237)	0.72(0.43)
昌都学	农地	4	H2(1),H8(2),H9(1)	0.833(0.222)	1.14(0.33)
昌都学鱼塘	山坡	17	H2(9),H8(8)	0.529(0.045)	0.95(0.08)
都日谷	农地	7	H1(7)	0	0
林技推广站*	路边	11	H2(9),H9(2)	0.327(0.153)	0.12(0.06)
共桌	村边草甸	11	H1(1),H2(6),H5(4)	0.618(0.104)	0.64(0.21)
胡批	村边农地	105	H11(1),H1(4),H2(68),H9(32)	0.491(0.037)	0.28(0.05)
吓宗	路边	14	H10(3),H2(10),H9(1)	0.473(0.136)	0.18(0.06)
江格	村庄路边	4	H2(3),H9(1)	0.500(0.265)	0.18(0.10)
基公	山坡、山谷	5	H2(5)	0	0
佳柔	路边	8	H2(8)	0	0
肯古	山坡、山谷	20	H9(20)	0	0
南尼扣	村边	5	H2(4),H9(1)	0.400(0.237)	0.14(0.09)
诺娜坡	农地	3	H2(3)	0	0
乃司	山坡、农田	50	H1(1),H2(25),H5(24)	0.530(0.023)	0.042(0.06)
乃司河	河边	4	H2(3),H5(1)	0.500(0.265)	0.36(0.36)
齐学谷	农地	4	H1(3),H5(1)	0.500(0.265)	0.90(0.48)
热水塘	山坡草甸	14	H12(1),H1(10),H9(3)	0.473(0.136)	0.16(0.6)
四海	村边沟谷	7	H1(3),H2(3),H9(1)	0.714(0.127)	1.03(0.19)
塘安培	村边沟谷	3	H2(3)	0	0

续表

居群	生境	样本数	cpDNA 单倍型分布	单倍型多样性 Hd（SD）	核苷酸多态性 π（SD）/$\times 10^{-3}$
桃木谷	山坡	8	H13（1），H5（7）	0.250（0.180）	0.36（0.26）
拖木南	沟谷	3	H2（3）	0	0
塘坯	山坡	74	H9（74）	0	0
吴公	村边农地	3	H1（1），H2（1），H9（1）	1.000（0.272）	1.2（0.47）
小中甸老村	高山灌丛	38	H9（38）	0	0
云祖	农地	3	H2（2），H9（1）	0.667（0.314）	0.24（0.11）
宗巴老村	河边	8	H11（1），H2（6），H8（1）	0.464（0.2）	0.54（0.32）
宗巴新村	河边	3	H2（3）	0	0
祝公	农地边	4	H5（4）	0	0
祝公苗圃*	农地	19	H14（1），H5（18）	0.105（0.092）	0.04（0.03）
合计		574		0.742（0.008）	0.79（0.03）

注：*表示3个人工保存群体。

（1）单倍型、遗传多样性及遗传结构

中甸刺玫 trnS-trnfM、rpl20-rps12 和 trnS-trnG 的片段扩增长度分别为1189bp、749bp和871bp。3个片段联合分析的序列矩阵长度为2809bp，共有6个多态位点、1个TGCAA、1个AATTATATA和1个ATCA插入。将插入/缺失用A或T替代后，得到1个长2783bp的矩阵，共检测到14个单倍型（表7-1），其中H3和H14是分别保存于高山植物园和祝公苗圃的"独享"单倍型，均只有1个个体。高山植物园还保存着H1、H2、H4和H5等其他4个单倍型，祝公苗圃仅还保存着单倍型H5，而林技推广站仅保存着2个单倍型——H2和H9。在自然居群中，H2、H9、H1和H5是分布最广的单倍型，分别在22、12、12和6个居群中有分布，而单倍型H7、H12和H13则分别仅存在于布呵谷老村、热水塘和桃木谷的1个个体中。单倍型H6和H10分别是布呵谷老村和吓宗的"独享"单倍型，均只有3个个体。布呵谷老村有5个单倍型，胡批有4个单倍型，昌都学、吓宗、热水塘、四海、宗巴老村、共桌、乃司和吴公等居群有3个单倍型，布呵谷新村、基公、佳柔、肯古、塘安培、塘坯、拖木南、小中甸老村、宗巴新村、都日谷、诺娜坡和祝公都只有1个单倍型。

中甸刺玫现存所有个体基于 cpDNA 片段的总遗传多样性（H_T）为 0.720 ± 0.039，居群内的遗传多样性（Hs）为 0.332 ± 0.051，总的单倍型多样性（Hd）为 0.742 ± 0.008，核苷酸多态性（π）为 $(0.79\pm0.03)\times10^{-3}$。仅考虑自然居群时，相应的指标分别为 0.714 ± 0.042、0.331 ± 0.0543、0.727 ± 0.009 和 $(0.76\pm0.03)\times10^{-3}$。两种情况下分子方差分析（AMOVA）的结果表明，总的遗传变异主要都来源于居群间，分别为 61.28% 和 66.91%（表7-2）。所有现存的居群包括人工保存群体在内时，居群间的遗传分化系数（G_{st}）为 0.539 ± 0.075，仅考虑自然居群时居群间的遗传分化系数为 0.537 ± 0.081。自然居群的空间分子方差分析（SAMOVA）表明，中甸刺玫缺乏明显的谱系地理结构。中性检验的 Fu and Li's $D^*=0.50$（$P>0.10$），$F^*=0.689$（$P>0.10$），Tajima's $D=0.682$（$P>0.10$）都没有显著偏离 0。失配分析的结果表明，叶绿体单倍型成对核酸差异数的分布有二次峰值，且偏离了期望值，进一步证实中甸刺玫在其分布区没有经历快速扩张。

表7-2 中甸刺玫 cpDNA 变异的 AMOVA 结果

数据类型	变异来源	自由度	平方和	方差分量	变异百分比/%
所有居群	居群间	33	1 183.067	2.175 23	61.28
	居群内	540	742.279	1.374 59	38.72
	合计	573	1 925.36	3.549 82	
自然居群	居群间	30	364.580	0.761 78	66.91
	居群内	487	183.449	0.376 69	33.09
	合计	517	548.029	1.138 7	

（2）中甸刺玫 cpDNA 单倍型间的系统关系

外类群中甸蔷薇、峨眉蔷薇、玫瑰、钝叶蔷薇和全针蔷薇与14个单倍型3个 cpDNA 片段联合分析的序列长 2841bp，其中有 2791 个为一致性位点，30 个为非简约性信息位点，20 个为简约性信息位点。50% 的严格一致树（图7-1）的拓扑结构显示，中甸刺玫所有的单倍型以 100% 的靴带值构成了一个单系类群。中甸刺玫形成于 0.92~0.65Mya，H3、H6 和 H4 构成一个内部分支，H7 和 H1 构成一个分支，H11 和 H14 构成一个分支，H2、H10、H9 以及 H5 构成了另一个分支，这 4 个分支构成一个大支，它们相互之间的分化时间在 0.21~0.14Mya。该大支与 H12 构成并系，二者之间的分化时间在 0.30~0.21Mya，上述各支形成的大分支与 H8 和 H13 的分化时间在 0.34~0.24Mya，这也是中甸刺玫种内的首次分化时间。

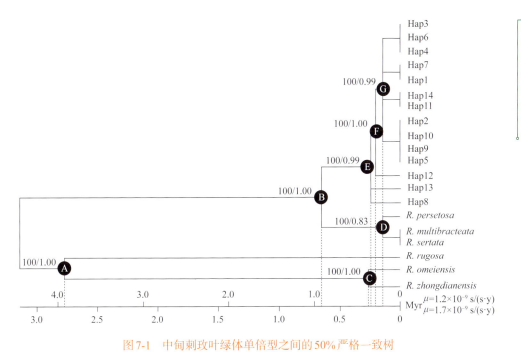

图 7-1 中甸刺玫叶绿体单倍型之间的50%严格一致树

分支上的数值分别表示ML树的靴带值（BS）和MP树的后验概率（PP）。B点表示中甸刺玫的形成时间，E～G表示中甸刺玫内几个分支之间的分化时间。μ 表示每年每个位点的碱基替换率（substitution per site per year），坐标上下的时间是分别根据 $\mu=1.2\times10^{-9}$ s/(s·y) 和 $\mu=1.7\times10^{-9}$ s/(s·y) 推算的结果

（3）中甸刺玫基于cpDNA遗传多样性应该优先保护的居群

根据遗传多样性和等位基因贡献的分析结果，吴公、四海、云祖、共桌、碧古和高山植物园比其他居群贡献了更高的遗传变异，而祝公、祝公苗圃、肯古、小中甸老村、塘坯、布呵谷新村、都日谷和桃木谷则与其他居群间的遗传分化更大，总体来说桃木谷、祝公、祝公苗圃、肯古、昌都学、小中甸老村、热水塘、都日谷、布呵谷新村和布呵谷老村对整个物种的遗传多样性的贡献较高。等位基因丰富度方面，吴公、昌都学和四海比其他居群贡献了更高的丰富度，但祝公、祝公苗圃、小中甸老村、布呵谷新村、桃木谷村和塘坯的等位基因分化程度更高，总体来说祝公苗圃、祝公、桃木谷、昌都学、肯古、小中甸老村、齐学谷、塘坯、布呵谷新村、热水塘和都日谷等对整个物种的等位基因丰富度的贡献较大。因此，桃木谷、祝公、肯古、昌都学、小中甸老村、热水塘、都日谷、齐学谷、塘坯、布呵谷新村等自然居群应优先受到保护。

7.2　中甸刺玫基于AFLP的遗传多样性和遗传结构

由于中甸刺玫是十倍体，限制了许多分子标记技术和序列分析方法在遗传多样性研究上的应用。AFLP分子标记因无须事先了解物种的基因组信息、少数几对引物组合即可获得大量遗传信息，能够检测密切相关的个体及居群间的遗传变异且具有稳定性和可重复性等优点而成功地应用于许多物种的遗传多样性和居群结构研究。虽然其显性标记的特征常被认为是其不足之处，但在用于多倍体物种时因为可以避免如SSR等标记引起的"等位基因剂量不确定性"（allelic dosage uncertainty）等问题而正好成为其优势。

（1）遗传多样性和遗传结构

如表7-3所示，6对AFLP引物组合在34个居群583个个体中共产生269个位点，其中153个为多态性位点。*EcoR* I-AGC/*Mse* I-CCA的多态位点百分率最低，为47.6%，*EcoR* I-ACT/*Mse* I-CAC产生的多态位点百分率最高，为66.7%。在居群水平，虽然仅有3个个体的塘安培（TAP）居群的多态位点数最少（NP=2）、多态位点百分率最低（P=0.7%），而有105个个体的胡批居群的多态位点数最多（NP=119），多态位点百分率最高（P=44.2%）及遗传多样性最高（He=0.093），但是居群的遗传多样性并不完全与居群大小呈正相关。如仅有3个个体的云祖居群的遗传多样性比拥有38个个体的小中甸老村居群高得多。胡批、布浓谷、昌都学、四海、共桌和基公等居群的遗传多样性较高，而塘安培、诺娜坡、小中甸老村和祝公等居群的遗传多样性较低。在物种水平，总遗传多样性（H_T）和居群内的遗传多样性（Hs）分别为0.119±0.168和0.051±0.005。居群间的遗传分化系数（G_{st}）为0.567。居群间的基因流（N_m）为0.382。AMOVA结果表明47.90%的遗传多样性来源于居群间（表7-4）。当不包括人工保存的群体时，中甸刺玫的总遗传多样性为0.119，遗传分化系数为0.578，基因流为0.365，48.57%的遗传变异来源于居群间。

表 7-3　中甸刺玫基于 AFLP 的遗传多样性指数

居群	样本数	AFLP			
		多态位点数 NP	多态位点百分率 P/%	遗传多样性指数 He（标准差）	Shannon 指数 I（标准差）
高山植物园	26	71	26.4	0.068（0.131）	0.110（0.200）
碧古	4	22	8.2	0.039（0.130）	0.054（0.183）
布呵谷老村	77	99	36.8	0.076（0.139）	0.124（0.207）
布呵谷新村	3	32	11.9	0.053（0.144）	0.076（0.206）
布浓谷	5	60	22.3	0.080（0.154）	0.121（0.229）
昌都学	4	53	19.7	0.084（0.172）	0.122（0.247）
昌都学鱼塘	17	75	27.9	0.088（0.161）	0.134（0.236）
都日谷	7	27	10.0	0.029（0.089）	0.046（0.140）
林技推广站	11	42	15.6	0.050（0.128）	0.077（0.189）
共桌	11	64	23.8	0.082（0.159）	0.124（0.232）
胡批	105	119	44.2	0.093（0.156）	0.149（0.227）
吓宗	21	44	16.4	0.032（0.087）	0.055（0.138）
江格	4	24	8.9	0.037（0.119）	0.054（0.172）
基公	5	52	19.3	0.075（0.157）	0.111（0.230）
佳柔	8	26	9.7	0.024（0.078）	0.040（0.125）
肯古	20	33	12.3	0.038（0.117）	0.057（0.170）
南尼扣	5	32	11.9	0.042（0.116）	0.063（0.174）
诺娜坡	3	6	2.2	0.010（0.066）	0.014（0.094）
乃司	51	79	29.4	0.062（0.134）	0.100（0.196）
乃司河	4	45	16.7	0.068（0.154）	0.100（0.225）
齐学谷	4	31	11.5	0.043（0.120）	0.065（0.180）
热水塘	15	54	20.1	0.064（0.143）	0.098（0.210）
四海	7	70	26.0	0.092（0.164）	0.138（0.241）
塘安培	3	2	0.7	0.003（0.038）	0.005（0.055）
桃木谷	8	15	5.6	0.016（0.071）	0.026（0.110）
拖木南	3	29	10.8	0.048（0.138）	0.069（0.198）
塘坯	74	89	33.1	0.051（0.103）	0.089（0.163）
吴公	3	38	14.1	0.063（0.155）	0.090（0.222）
小中甸老村	38	10	3.7	0.004（0.033）	0.008（0.050）
云祖	3	24	8.9	0.040（0.127）	0.057（0.182）
宗巴老村	8	39	14.5	0.048（0.126）	0.073（0.186）
宗巴新村	3	41	15.2	0.068（0.160）	0.097（0.229）
祝公	4	3	1.1	0.004（0.040）	0.006（0.059）
祝公苗圃	19	44	16.4	0.058（0.142）	0.087（0.207）
物种水平	583	43.9	16.3	0.119（0.168）	0.188（0.242）

表7-4　中甸刺玫AFLP多态性的AMOVA

数据来源	变异来源	自由度	平方和	方差分量	变异百分比/%
所有居群	居群间	33	4533.809	7.981	47.90
	居群内	549	4765.241	8.680	52.10
	合计	582	9299.050	16.661	
自然居群	居群间	30	4134.908	8.192	48.57
	居群内	496	4303.209	8.676	51.43
	合计	526	8438.117	16.868	

（2）遗传网络关系及空间遗传结构

中甸刺玫所有现存个体的邻接网络（neighbor-net）分析反映了个体间存在清晰而有趣的相互关系（图7-2）。尽管某些较小居群内的个体紧密地聚在一起，如塘安培、布浓谷、诺娜坡和小中甸老村，但现存个体并不严格地根据其来源进行聚类。大多数较大居群的个体被分到了几个组中，这种聚类与其花的形态特别是花色变异相一致，例如：由来自热水塘、诺娜坡、碧古和宗巴老村的个体组成的第1组的花为单瓣碗状，相对较小，花色为桃红（vivid purplish pink，N66B，RHS），基部颜色明显较淡，近白色，花瓣边缘平展无皱。由桃木谷和祝公等的个体组成的第2组的花为单瓣盘状，花瓣边缘平展无皱。由塘坯、小中甸老村和肯古的个体组成的第3组的花为单瓣蝶状，较大，花色为粉红（deep purplish pink，N66D），边缘略皱。由齐学谷、吓宗、胡批、南尼扣、四海和布呵谷老村的部分个体组成的第4组的花为盘状，玫红色，花瓣6~8。由胡批其余个体组成的第5组的花单瓣蝶状，花中等大小，花色桃红，花瓣较平展，边缘略皱。由江格、基公和塘安培的个体组成的第6组，花大，呈蝶状半重瓣，花色玫红（deep purplish red，N57C），花瓣边缘波状皱折。由乃司、吴公、共桌和云祖的个体组成的第7组，花单瓣蝶状较小，花色为浅粉或淡粉色（pale purple，N76C），花瓣边缘略皱。由佳柔、昌都学鱼塘以及布呵谷老村的少量个体组成的第8组，花单瓣或半重瓣碗状，较大，花色粉白或浅粉，花瓣边缘平展。根据邻接网络分析的结果，人工保存的个体仅来自上述8个组中的3个，高山植物园和祝公苗圃的植株主要来自第7组，也就是乃司或吴公居群，而林技推广站的植株则主要移自第4组，也就是吓宗和胡批居群。

贝叶斯群体聚类分析（Bayesian clustering method）的结果（图7-3）表明中甸刺玫现存的所有个体可以被分为3个基因池（gene pool）（图7-2）。碧古、昌

图 7-2 中甸刺玫现存个体的邻接网络分析

都学、昌都学鱼塘、都日谷、共桌、佳柔、诺娜坡、乃司、乃司河、拖木南、云祖、宗巴老村、宗巴新村等居群的几乎所有个体，布呵谷老村、江格、基公和齐学谷居群的绝大部分个体，布呵谷新村、布浓谷、吴公和热水塘的大部分个体，均被指派到基因池Ⅰ（图7-2淡蓝色，图7-3绿色）。胡批、吓宗、南尼扣和四海的大部分个体，布浓谷居群1/4个体，江格、基公、热水塘和肯古居群中10%的个体被指派到基因池Ⅱ（图7-2黄粉色，图7-3蓝色）。肯古、塘坯、小中甸老村的大部分个体，热水塘和吴公1/4个体以及桃木谷的10%的个体被指派为基因池

Ⅲ（图 7-2 紫色，图 7-3 红色）。网状树中的第 3 组与群体结构分析中的基因池Ⅲ一致，花色粉红。网状树中的第 4、5 和第 6 组构成了群体结构分析中的基因池Ⅱ，花为更深的桃红或玫红色。网状树中其余的各组构成了群体结构分析中的基因池Ⅰ，花色较淡或者花的基部为白色。

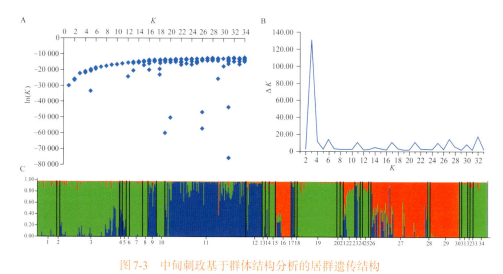

图 7-3　中甸刺玫基于群体结构分析的居群遗传结构

A. 当 $K=2\sim25$ 运行 10 次的 $\ln(K)$ 值分布图，其中 K 为预设的分组数；B. 作为 K 的函数，当连续进行 K 值计算时概率的改变速率 ΔK 的分布图；C. 当 $K=3$ 时 556 个个体植株划分的组，每个个体用竖条表示，颜色表示其被分配的组

7.3　中甸刺玫受威胁的原因及保护措施

7.3.1　中甸刺玫受威胁的原因

中甸刺玫基于 cpDNA 片段和 AFLP 分子标记的研究结果表明，其具有较高的遗传多样性和遗传分化，说明中甸刺玫受威胁的原因不是物种的遗传多样性低。根据种群现状调查结果，中甸刺玫仅分布在云南省香格里拉市小中甸镇硕多岗河两岸面积约 250km² 的极狭窄范围内，除了人工保存于高山植物园等地的几十株植株外，野外仅在 44 个自然村落中存在共 623 株，其中幼年植株为 61 株，大多数分布点仅有 1 至几株成年植株。由于草甸开垦用于放牧和农业生产（图 7-4，图 7-5）、公路、铁路及水电站建设（图 7-6）等导致生境片段化和生境丢失越来越严重，中甸刺玫受到的威胁也越来越严重。此外，由于中甸刺玫具有较高的观赏性，当地企业或单位直

第 7 章 中甸刺玫的遗传多样性及遗传结构

图 7-4 农业生产对中甸刺玫的威胁

图 7-5 草甸开垦造成中甸刺玫生境片段化

图7-6　水电站等建设对中甸刺玫的威胁

接采挖植株用于保存或出售，而移植失败（图7-7，图7-8）也是造成其种群快速下降的原因。根据繁育系统研究结果，中甸刺玫受到了传粉限制。由于种子萌发中遇

图7-7　人工采挖移植不成功导致中甸刺玫大植株死亡

图7-8　人工采挖移植不成功导致中甸刺玫小植株死亡

到的机械和生理障碍，中甸刺玫的种子萌发困难，从而限制了其通过实生种苗进行种群更新，这也是中甸刺玫种群下降，导致其处于极危状态的内在原因。

7.3.2 中甸刺玫的保护措施

对具有较高遗传多样性的物种来说，其受到的威胁主要来自生境片段化、地理隔离和人为干扰等外部因子。对中甸刺玫的保护来说，由于其分布极窄及种群极小，最好是对其所有的现存个体和居群进行就地保护。然而，由于中甸刺玫散生在当地藏民的村庄周围和草甸上，对所有现存居群和个体进行保护比较困难。因此，首先，我们建议对那些具有较高的遗传多样性并能代表所有AFLP基因型的居群，如桃木谷、祝公、肯古、昌都学、小中甸老村、热水塘、都日谷、齐学谷、塘坯和布呵谷新村等，以及那些拥有"独享"单倍型的居群，如吓宗（H10）、热水塘（H12）和布呵谷老村（H6和H7）等进行优先就地保护。其次，由于中甸刺玫是一种著名的高山花卉，表型变异丰富，有必要保存一些具有特殊表型的个体以备今后进行开发利用，而代表性的个体正好已包括在上述需要优先保护的居群中。这些居群的就地保护可以采用保护小区或植物微型保护区（plant micro reserve，PMR）的形式进行。对中甸刺玫的迁地保护来说，高山植物园和祝公苗圃分别保存了"独享"单倍型H3和H14，因此这两个人工保存群体应在迁地保护中受到重视，它们已保存的"独享"单倍型应通过人工扩繁后应用到今后的种群恢复中。此外，为了今后能有效地扩大中甸刺玫的种群，也为了防止当地群众直接采挖野外植株用于商业销售，有必要研发高效的中甸刺玫无性和有性扩繁技术。

7.4 小　　结

基于cpDNA片段和AFLP分子标记的保护遗传学研究表明，中甸刺玫形成和分化的时间较短，形成于0.92~0.65Mya，在0.34~0.24Mya时开始首次分化。中甸刺玫显示了较高的遗传多样性和遗传分化，基于cpDNA的总遗传多样性（H_T）为0.720，共有14个单倍型，单倍型多样性（H_d）为0.742，61.28%遗传多样性来自居群间，遗传分化系数（G_{st}）为0.539，基因流（N_m）为0.214；这种较高的遗传多样性和遗传分化可能是由于其寿命较长并具克隆生长习性、高倍性、混合型繁育系统及有限的基因交流。基于AFLP的H_T为0.119，47.90%的AFLP遗传多样性来源于居群间，G_{st}为0.567，N_m为0.382，基于AFLP的邻接网络分析和基于贝叶斯群体聚类分析的结果与中甸刺玫的花形态特别是花色的变化相一致。导致中甸刺玫"极危"的根本原因不是遗传多样性低，而是生境片段化和人为干扰等外部因子。

根据中甸刺玫受威胁的内在和外在原因，提出以下切实可行的保护措施。

1）建立植物微型保护区对桃木谷、祝公、肯古、昌都学、小中甸老村、热水塘、都日谷、齐学谷、塘坯、布呵谷新村、吓宗、胡批和布呵谷老村等分布点的植株及相应的生境进行优先就地保护（图7-9，图7-10）。

图7-9　未受到严重干扰的中甸刺玫生境

2）现存的人工保存群体如高山植物园、祝公苗圃等应在中甸刺玫的迁地保护中受到重视（图7-11）。

3）应研发中甸刺玫有性和无性扩繁技术以扩大种群，并防止人为直接采挖导致的破坏和威胁。

值得注意的是，中甸刺玫基于AFLP的遗传多样性指数并不高，这可能是AFLP分子标记的内在特性造成的。应用于较高倍性的物种时，AFLP分子标记产生的高强度片段较少，而难以判读的低强度片段较多，从而使检测到的遗传多样性指数偏低。此外，AFLP的有效种群大小是cpDNA的2倍，对于长寿命的多年生植物来说就可以拥有更多的来自祖先的多态性并在居群之间分享，从而导致物种基于AFLP的遗传多样性指数较低。

图7-10　中甸刺玫的生境修复

图7-11　香格里拉高山植物园的中甸刺玫迁地保护区

第8章

中甸刺玫的叶绿体基因组特征及种内变异

叶绿体在植物的整个生活史中发挥着重要的功能（Wicke et al., 2011）。叶绿体基因组内还含有大量的遗传信息。Ris和Plaut（1962）第一次在衣藻（*Chlamydomonas*）中发现叶绿体DNA的存在，直到1986年完整的烟草（*Nicotiana tabacum*）叶绿体基因组序列才公布，这是史上第一例完整的叶绿体基因组序列（Shinozaki et al., 1986）。大多数维管植物的叶绿体基因组为保守的四分体结构，包括一个大单拷贝区（large single copy，LSC）、一个小单拷贝区（small single copy，SSC）和两个反向重复区（inverted repeats，IR）（Wicke et al., 2011; Shetty et al., 2016; Zhu et al., 2016; Liu et al., 2018）。在被子植物中，大部分物种的叶绿体基因组长度约为150kb，包含114个独特基因（unique gene），其中有4个rRNA基因，30个tRNA基因，80个蛋白编码基因（protein-coding gene，PCG）（Kim and Lee, 2004）。然而某些类群的叶绿体基因组中曾报道有大片段的倒置（Sun et al., 2017）、大量重复序列（Guisinger et al., 2011）、基因丢失或假基因化（Ye et al., 2018）以及IR区的扩张或收缩（Li et al., 2017; Liu et al., 2017）。

叶绿体基因组在大多数被子植物中为母系遗传（Neale and Sederoff, 1989; Daniell et al., 2016）。与核基因组相比，叶绿体基因组具有分子量低、结构简单、保守性强等特点。随着二代测序（next-generation sequencing，NGS）技术的发展和大数据基因组时代的到来，越来越多的植物叶绿体全基因组被报道，NCBI数据库迄今公布了超过8500个植物叶绿体基因组，叶绿体基因组数据已被广泛地用于植物的系统发育与进化研究。

高等植物的叶绿体基因组高度保守，其保守性主要表现在基因种类和数量上。一般情况下，亲缘关系比较近的物种的叶绿体基因组大小相近，尤其是同属物种的叶绿体基因组大小没有明显差别。Jian等（2018）对现代月季的原始祖先——单瓣月季花（*R. chinensis* var. *spontanea*）的叶绿体全基因组进行了报道，并与同属的其他物种进行了比较分析，结果表明蔷薇属植物的LSC区和SSC区的变异程度大于IR区，非编码区的变异程度高于编码区。杨芳（2019）对单瓣白木香（*R. banksiae* var. *normalis*）的叶绿体基因组进行了测序和组装，得到了全长为156 544bp的叶绿体基因组序列，共检测到116个串联重复序列、43个散在重复序列，还检测到72个简单重复序列位点。单瓣白木香共有129个叶绿体基因，包括86个蛋白编码基因、35个tRNA基因和8个rRNA基因。

利用二代测序技术，我们研究了中甸刺玫的叶绿体基因组序列及其特征，并分析了种内代表性个体在叶绿体基因组序列上的变异，为其物种形成和保护提供更多的遗传信息，也为蔷薇属的系统发育研究提供基础数据。

8.1 中甸刺玫叶绿体基因组测序、组装和特征分析的方法

8.1.1 基因组DNA的提取、测序、组装及注释

用于叶绿体全基因组结构分析的中甸刺玫植株来源于香格里拉市小中甸镇塘安培（东经99°49′38″、北纬27°32′17″，3248m）。达到建库测序要求的DNA用Illumina Hiseq2000测序平台完成测序，得到约3.5Gb的150bp短片段原始序列（raw data），用NGS QC Toolkit_v2.3.3软件（Patel and Jain，2012）按照默认参数对原始序列进行过滤筛选，去除低质量的序列后，得到高质量有效序列（clean data）。使用GetOrganelle（https://github.com/Kinggerm/GetOrganelle）进行从头（*de novo*）组装，得到叶绿体全基因组序列。组装好的基因组序列使用CpGAVAS（Liu et al.，2012）自动进行注释，注释完成后用Genious 9.1（Kearse et al.，2012）进行校对和调整每个注释基因的边界区域，最终使用OGDRAW（Lohse et al.，2013）绘制叶绿体基因组物理图谱，并将序列上传到NCBI，序列号为：MG450565。

8.1.2 叶绿体基因组结构分析

利用Geneious软件对叶绿体全基因组总长度及各个区域的长度、GC含量、编码基因数目进行统计。用Mega 6.06（Tamura et al. 2013）进行密码子偏好分析（condon usage bias analysis），计算同义密码子相对使用值（relative synonymous codon usage values，RSCU）并统计AT含量。RSCU是指某一密码子实际使用频率与无使用偏性时理论频率的比值，无偏好性时RSCU为1，RSCU小于1则代表该密码子的实际使用频率低于其他同义密码子的使用频率，反之实际频率高于其他同义密码子的使用频率（晁岳恩等，2012）。用重复序列分析软件REPuter（Kurtz et al.，2001，https://bibiserv.cebitec.uni-bielefeld.de/reputer）搜索基因组中的正向重复（direct repeats）和反向重复（reverse repeats）序列。软件运行时，设置搜索的重复序列长度不小于20bp，序列一致性大于85%。此外，利用MISA软件（Beier et al.，2017）来鉴定SSR，搜索的阈值设置为：单、二、三、四、五以及六核苷酸重复次数分别不小于10、5、4、3、3和3。

8.1.3 种内不同个体的叶绿体基因组序列比较

对不同来源不同表型的共41个中甸刺玫植株进行二代测序和叶绿体全基因组组装，在Geneious软件中调用Mauve插件（Darling et al.，2004）进行基因组比对，比较中甸刺玫不同个体间的叶绿体基因组结构变化，是否存在大片段的逆转或者丢失；用DnaSP v5.10软件（Librado and Rozas，2009）计算种内不同个体的叶绿体基因组的核苷酸多态性（nucleotide polymorphism，π），以筛选叶绿体基因组中的高变区。

8.2 中甸刺玫叶绿体基因组结构特征

8.2.1 中甸刺玫叶绿体基因组基本信息

中甸刺玫的叶绿体基因组呈典型的环状四分体结构（图8-1），用于结构分析的植株的叶绿体基因组全长157 186bp。包含一个长为86 313bp的大单拷贝区（LSC），一个长为18 765bp的小单拷贝区（SSC）和两个长为26 054bp的反向重复区（IR）（表8-1）。基因组总的GC含量为37.3%，IR区的GC含量为42.8%，比LSC（35.2%）和SSC（31.3%）的GC含量高。中甸刺玫叶绿体基因组的编码区占57.6%，其中50.0%为蛋白编码区（protein-coding regions），1.8%为tRNA，5.8%为rRNA；42.4%为非编码区，其中12.1%为内含子（intron）区域，30.3%为基因间隔区（intergenic spacer，IGS）。

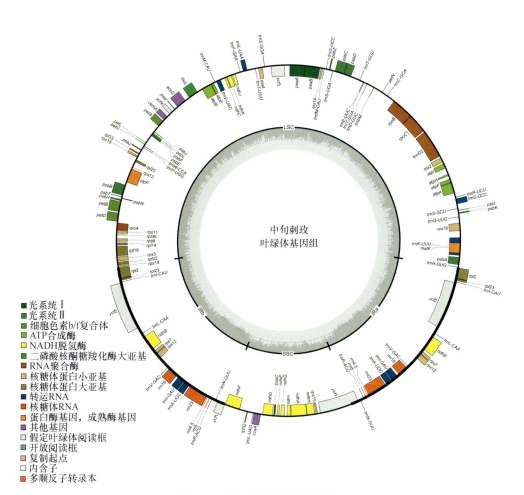

图8-1　中甸刺玫叶绿体基因组

图谱环内基因顺时针方向转录，环外基因逆时针方向转录。不同颜色标识不同功能基因

表 8-1　中甸刺玫叶绿体全基因组的结构及碱基构成

叶绿体基因组分区		T(U)	C	A	G	长度
LSC		33.1	18.1	31.7	17.1	86 313
SSC		34.3	16.3	34.4	15.0	18 765
IRB		28.5	20.6	28.7	22.2	26 054
IRA		28.5	20.6	28.7	22.2	26 054
合计		31.8	19.0	31.0	18.3	157 186
	PCG	31.4	17.7	30.6	20.3	78 663
	第1个碱基	24	18.7	30.7	26.9	26 221
	第2个碱基	33	20.2	29.5	17.8	26 221
	第3个碱基	38	14.0	31.7	16.3	26 221

注：PCG 为 protein-coding gene，蛋白编码基因。

中甸刺玫的基因组共编码129个基因，包括84个蛋白编码基因（protein-coding gene，PCG）、37个tRNA基因和8个rRNA基因，基因构成情况见表8-2。其中6个蛋白编码基因（*ndhB*、*rpl2*、*rpl23*、*rps7*、*rps12*、*ycf2*）、7个tRNA基因（*trnA-UGC*、*trnI-CAU*、*trnI-GAU*、*trnL-CAA*、*trnN-GUU*、*trnR-ACG*、*trnV-GAC*）和4个rRNA基因（*rrn16*、*rrn23*、*rrn4.5*、*rrn5*）在IR区完全重复。LSC区包含62个蛋白编码基因和22个tRNA基因，SSC区包含12个蛋白编码基因和1个tRNA基因。14个基因（*trnK-UUU*、*rps16*、*trnG-GCC*、*rpoC1*、*trnL-UAA*、*trnV-UAC*、*petB*、*rpl16*、*rpl2*、*ndhB*、*trnI-GAU*、*trnA-UGC*、*ndhA*、*petD*）包含1个内含子，3个基因（*ycf3*、*rps12*、*clpP*）包含2个内含子。*rps12*基因为反式剪接，其5′端位于LSC区，其3′端位于IR区。*trnK-UUU*基因的内含子最长，为2500bp，*matK*位于其中。此外，中甸刺玫叶绿体基因组的IRB和SSC的边界处检测到一个假基因片段*ycf1*，长度为1118bp，其中1108bp位于IRB区，10bp位于SSC区。

表 8-2　中甸刺玫叶绿体基因组的基因组成

基因功能	对应的基因
ATP合成酶基因（ATP synthase）	*atpA*、*atpB*、*atpE*、*atpF*、*atpH*、*atpI*
细胞色素b/f复合体基因（cytochrome b/f complex）	*petA*、*petB**、*petD**、*petG*、*petL*、*petN*
NADH脱氢酶基因（NADH dehydrogenase）	*ndhA**、*ndhB**、*ndhC*、*ndhD*、*ndhE*、*ndhF*、*ndhG*、*ndhH*、*ndhI*、*ndhJ*、*ndhK*
光系统Ⅰ基因（photosystem Ⅰ）	*psaA*、*psaB*、*psaC*、*psaI*、*psaJ*

续表

基因功能	对应的基因
光系统Ⅱ基因（photosystemⅡ）	psbB、psbT、psbH、psbN、psbJ、psbL、psbF、psbE、psbZ、psbC、psbD、psbM、psbI、psbK、psbA
核糖体蛋白小亚基基因（SSU）	rps2、rps3、rps4、rps7、rps8、rps11、rps12#,**、rps14、rps15、rps16*、rps18、rps19
核糖体蛋白大亚基基因（LSU）	rpl2*、rpl14、rpl16*、rpl20、rpl22、rpl23、rpl32、rpl33、rpl36
RNA聚合酶基因（RNA polymerase）	rpoA、rpoB、rpoC1*、rpoC2、
转运RNA基因（tRNA）	trnA-UGC*×2、trnC-GCA、trnD-GUC、trnE-UUC、trnF-GAA、trnG-UCC、trnG-GCC*、trnH-GUG、trnI-CAU×2、trnI-GAU*×2、trnK-UUU*、trnS-GCU、trnL-CAA×2、trnL-UAA*、trnL-UAG、trnM-CAU、trnN-GUU×2、trnP-UGG、trnQ-UUG、trnR-UCU、trnS-GGA、trnS-UGA、trnR-ACG×2、trnT-UGU、trnT-GGU、trnV-UAC*、trnW-CCA、trnV-GAC×2
核糖体RNA基因（rRNA）	rrn16 rRNA×2、rrn23 rRNA×2、rrn4.5 rRNA×2、rrn5 rRNA×2
其他基因	ycf1※、ycf2、ycf3**、ycf4、clpP**、matK

注：*表示含有一个内含子的基因；**表示含有两个内含子的基因；#表示反式剪接基因；※表示在IR区有两个拷贝的基因。

8.2.2 中甸刺玫叶绿体基因组密码子偏好性

根据全部蛋白编码基因和tRNA基因序列，中甸刺玫的叶绿体基因组同义密码子相对使用值（RSCU）如表8-3所示。全部基因共由27 155个密码子编码，其中亮氨酸（leucine）是使用频率最高的氨基酸，共编码了其中的2765个密码子，占总数的10.18%，而组氨酸（histidine）是使用频率最低的氨基酸，仅编码了其中的530个密码子，占总数的1.95%。以A和U为末端的密码子较常见，除了trnL-CAA、trnS-GGA、精氨酸Arg-AGG和甘氨酸Gly-GGG以外，所有的首选同义密码子（RSCU＞1）都是以A或U结尾的。

表8-3 中甸刺玫的叶绿体基因组反密码子识别模式和密码子偏好

氨基酸	密码子	数量	RSCU	tRNA	氨基酸	密码子	数量	RSCU	tRNA
Phe	UUU（F）	1092	1.21		Ser	UCU（S）	504	1.26	
Phe	UUC（F）	706	0.79	trnF-GAA	Ser	UCC（S）	422	1.06	trnS-GGA
Leu	UUA（L）	597	1.3		Ser	UCA（S）	477	1.19	trnS-UGA
Leu	UUG（L）	619	1.34	trnL-CAA	Ser	UCG（S）	342	0.86	
Leu	CUU（L）	556	1.21		Pro	CCU（P）	262	1.1	
Leu	CUC（L）	319	0.69		Pro	CCC（P）	207	0.87	

续表

氨基酸	密码子	数量	RSCU	tRNA	氨基酸	密码子	数量	RSCU	tRNA
Leu	CUA（L）	393	0.85		Pro	CCA（P）	272	1.14	trnP-UGG
Leu	CUG（L）	281	0.61		Pro	CCG（P）	211	0.89	
Ile	AUU（I）	925	1.35		Thr	ACU（T）	352	1.14	
Ile	AUC（I）	517	0.75	trnI-GAU	Thr	ACC（T）	280	0.91	trnT-GGU
Ile	AUA（I）	615	0.9		Thr	ACA（T）	375	1.22	trnT-UGU
Met	AUG（M）	571	1	trnM-CAU	Thr	ACG（T）	223	0.73	
Val	GUU（V）	421	1.35		Ala	GCU（A）	239	1.24	
Val	GUC（V）	208	0.67	trnV-GAC	Ala	GCC（A）	176	0.91	
Val	GUA（V）	372	1.2		Ala	GCA（A）	223	1.16	
Val	GUG（V）	244	0.78		Ala	GCG（A）	134	0.69	
Tyr	UAU（Y）	800	1.33		Cys	UGU（C）	382	1.13	
Tyr	UAC（Y）	405	0.67	trnY-GUA	Cys	UGC（C）	292	0.87	trnC-GCA
stop	UAA（*）	488	1.07		stop	UGA（*）	445	0.97	
stop	UAG（*）	439	0.96		Trp	UGG（W）	542	1	trnW-CCA
His	CAU（H）	352	1.33		Arg	CGU（R）	218	0.72	trnR-ACG
His	CAC（H）	178	0.67	trnH-GUG	Arg	CGC（R）	141	0.46	
Gln	CAA（Q）	547	1.32	trnQ-UUG	Arg	CGA（R）	304	1	
Gln	CAG（Q）	283	0.68		Arg	CGG（R）	261	0.86	
Asn	AAU（N）	957	1.34		Ser	AGU（S）	362	0.91	
Asn	AAC（N）	470	0.66		Ser	AGC（S）	292	0.73	trnS-GCU
Lys	AAA（K）	1015	1.26		Arg	AGA（R）	526	1.73	trnR-UCU
Lys	AAG（K）	590	0.74		Arg	AGG（R）	370	1.22	
Asp	GAU（D）	628	1.46		Gly	GGU（G）	350	0.98	
Asp	GAC（D）	235	0.54	trnD-GUC	Gly	GGC（G）	224	0.63	trnG-GCC
Glu	GAA（E）	691	1.3	trnE-UUC	Gly	GGA（G）	458	1.28	
Glu	GAG（E）	375	0.7		Gly	GGG（G）	400	1.12	

8.2.3　中甸刺玫叶绿体基因组的重复序列及微卫星重复序列

重复序列分析结果表明，中甸刺玫的叶绿体基因组中有33个正向和3个反向重复序列，重复序列的长度至少20bp（表8-4），这些重复序列长度大多为20～30bp。最长的重复序列分别位于rps12-trnV-GAC基因间隔区和ndhA基因的内含子区域。大多数重复序列位于LSC区和IR区，还有9个重复序列在不同的区域开始，如第1号重复的2个序列分别开始于IRB区和SSC区。

表8-4 中甸刺玫叶绿体基因组序列中的重复序列

编号	重复第1个开始处	重复类型*	重复长度/bp	重复第2个开始处	失配碱基/bp	E-value	所在具体位置	所在区域
1	100 770	F	40	122 818	0	5.75E-15	rps12-trnV-GAC；ndhA（内含子）	IRB，SSC
2	44 997	F	39	100 772	0	2.30E-14	ycf3（内含子）；IGS	LSC，IRB
3	44 997	F	38	122 820	0	9.20E-14	ycf3（内含子）；ndhA（内含子）	LSC，SSC
4	59 254	F	34	59 285	0	2.35E-11	IGS	LSC
5	123 010	R	37	123 023	−3	7.72E-08	ndhA（内含子）	SSC
6	109 739	F	32	109 771	−2	1.68E-06	IGS	IRB
7	133 696	F	32	133 728	−2	1.68E-06	IGS	IRA
8	67 436	F	25	67 460	0	6.17E-06	IGS	LSC
9	9 822	F	27	37 714	−1	3.12E-05	trnG-GCC；trnG-UCC	LSC
10	8 380	F	29	36 640	−2	8.81E-05	trnS-GCU；trnS-UGA	LSC，IRB
11	91 108	F	29	91 129	−2	8.81E-05	ycf2	IRB
12	152 341	F	29	152 362	−2	8.81E-05	ycf2	IRA
13	51 039	F	22	51 060	0	3.95E-04	IGS	LSC
14	43 196	F	25	147 743	−1	4.63E-04	IGS	LSC，IRA
15	58 610	F	25	58 635	−1	4.63E-04	rbcL；IGS	LSC
16	39 962	F	30	42 186	−3	6.61E-04	psaB；psaA	LSC
17	10 499	F	21	10 520	0	1.58E-03	IGS	LSC
18	8 733	F	29	65 172	−3	2.38E-03	IGS	LSC
19	83 661	F	29	122 808	−3	2.38E-03	rpl16（内含子）；ndhA（内含子）	LSC，SSC
20	10 623	F	20	10 647	0	6.32E-03	IGS	LSC
21	13 570	F	20	90 104	0	6.32E-03	IGS；ycf2	LSC，IRB
22	28 582	F	20	28 602	0	6.32E-03	IGS	LSC
23	33 042	R	20	86 327	0	6.32E-03	IGS	LSC，IRB
24	67 511	F	20	67 530	0	6.32E-03	IGS	LSC
25	120 144	F	20	120 164	0	6.32E-03	IGS	SSC
26	133 705	F	23	133 737	−1	6.81E-03	IGS	IRA
27	8 669	F	28	31 214	−3	8.53E-03	IGS	LSC
28	12 223	F	28	72 420	−3	8.53E-03	IGS；clpP（内含子）	LSC

续表

编号	重复第1个开始处	重复类型*	重复长度/bp	重复第2个开始处	失配碱基/bp	E-value	所在具体位置	所在区域
29	83 667	F	28	122 814	−3	8.53E-03	rpl16（内含子）；ndhA（内含子）	LSC，SSC
30	7 598	R	25	61 186	−2	1.67E-02	IGS	LSC
31	83 670	F	25	100 769	−2	1.67E-02	rpl16（内含子）；IGS	IRB
32	37 582	F	22	37 604	−1	2.61E-02	IGS	LSC
33	43 764	F	22	73 530	−1	2.61E-02	IGS；clpP（内含子）	LSC
34	45 662	F	22	142 499	−1	2.61E-02	ycf3（内含子）；IGS	IRA
35	109 749	F	22	109 781	−1	2.61E-02	IGS	IRB
36	5 203	F	24	127 726	−2	6.13E-02	IGS；ycf1	SSC

注：F和R表示重复类型，F为正向重复，R为反向重复。

8.2.4 中甸刺玫叶绿体基因组的微卫星标记（SSR）

微卫星标记（microsatellite），又被称为短串联重复序列（short tandem repeat，STR）或简单重复序列（simple sequence repeat，SSR），是均匀分布于真核生物基因组中的简单重复序列，由2～6个核苷酸的串联重复片段构成，由于重复单位的重复次数在个体间呈高度变异性并且数量丰富，因此微卫星标记的应用非常广泛。微卫星位点通常通过PCR扩增，扩增产物通过电泳分析并根据大小分离等位基因进行检测。Weber（1990）将微卫星分为3类：单纯（pure，P）SSR、复合（compound，C）SSR和间隔（interrupted，I）SSR。所谓单纯SSR是指由单一的重复单元所组成的序列，如（AT）n；复合SSR则是由2个或多个重复单元组成的序列，如（GT）n（AT）m；间隔SSR在重复序列中有其他核苷酸夹杂其中，如（GT）nGG（GT）m。由于单亲遗传和种内存在较高的变异，叶绿体基因组微卫星标记（cpSSR）可广泛地应用于野生种的居群遗传、物种鉴定和进化过程分析（Provan，2000；Flannery et al.，2006），以及经济作物的连锁图谱构建和育种研究中（Powell et al.，1995；Xue et al.，2012）。

MISA软件在中甸刺玫的叶绿体基因组中共找到73个SSR（表8-5），其中单核苷酸SSR（A/T/G/C）最多，共有42个；其次是二核苷酸类型（AG/AT/TA/TC），有9个，三核苷酸类型有4个，四核苷酸类型有8个，六核苷酸SSR有2个，没有五核苷酸SSR。绝大部分为单纯类型SSR，复合类型的SSR较少，二者分别为65个和8个，没有间隔型SSR。58个SSR位于LSC区，占全部SSR的

79.5%，5个位于SSC区，IRA和IRB区各有5个。只有23个SSR位于基因中，其他均位于基因间隔区（IGS）。单核苷酸SSR中的90.5%属于A/T，这与cpSSR主要由腺嘌呤（A）或胸腺嘧啶（T）重复组成而很少由串联鸟嘌呤（G）和胞嘧啶（C）组成的假说相一致。

表8-5 中甸刺玫叶绿体基因组中的微卫星分布

序号	类型	SSR	大小	开始位置	结束位置	所在区域	基因
1	p1	（A）15	15	185	199	LSC	
2	p1	（A）12	12	3 764	3 775	LSC	trnK-UUU
3	p1	（A）15	15	4 361	4 375	LSC	
4	p1	（C）11	11	6 187	6 197	LSC	rps16
5	c	（T）11atatcattctaaattttagaatattttcgattattgtaaaaatcaaattagttaactaaattctaactaaatataacacg（AATA）3	104	6 478	6 581	LSC	
6	p2	（AG）5	10	6 791	6 800	LSC	
7	p1	（A）12	12	6 971	6 982	LSC	
8	p2	（AT）6	12	7 163	7 174	LSC	
9	p3	（TAA）4	12	8 319	8 330	LSC	
10	p1	（A）10	10	8 508	8 517	LSC	
11	p1	（A）20	20	8 678	8 697	LSC	
12	c	（T）12attttaatatt（A）11	34	9 894	9 927	LSC	
13	p2	（AT）9	18	10 115	10 132	LSC	
14	p3	（TTA）4	12	10 368	10 379	LSC	
15	p1	（T）13	13	12 228	12 240	LSC	
16	p1	（C）11	11	14 297	14 307	LSC	
17	p1	（T）11	11	18 416	18 426	LSC	rpoC2
18	p2	（TA）5	10	19 785	19 794	LSC	rpoC2
19	p1	（T）10	10	26 132	26 141	LSC	rpoB
20	p1	（T）10	10	28 994	29 003	LSC	
21	p1	（C）14	14	29 627	29 640	LSC	
22	c	（AAT）4tc（T）10	24	30 565	30 588	LSC	
23	p1	（A）14	14	30 722	30 735	LSC	
24	p1	（T）10	10	33 042	33 051	LSC	
25	p2	（TA）5	10	36 876	36 885	LSC	
26	c	（ATAA）3tataa（AT）5	27	37 632	37 658	LSC	
27	p2	（TA）5	10	44 657	44 666	LSC	ycf3

续表

序号	类型	SSR	大小	开始位置	结束位置	所在区域	基因
28	p1	（A）10	10	45 663	45 672	LSC	*ycf3*
29	p1	（A）12	12	45 979	45 990	LSC	
30	p1	（T）10	10	46 522	46 531	LSC	
31	p1	（A）14	14	47 885	47 898	LSC	
32	p1	（A）11	11	48 476	48 486	LSC	
33	p4	（TAAT）3	12	48 666	48 677	LSC	
34	p1	（T）14	14	48 850	48 863	LSC	
35	c	（A）13gaatcgaccgttcaagtattcaaaattgcacactaaaaatgatagaaaatcatagaaattgggacatg（TA）5	91	48 965	49 055	LSC	
36	p1	（T）10	10	49 785	49 794	LSC	*trnL-UAA*
37	p4	（TTTA）3	12	51 007	51 018	LSC	
38	c	（TA）5t（TA）5	21	53 297	53 317	LSC	
39	c	（T）10caagtgcggaaaccccaggaccagaagtagtaggattattctcataataaaatatgtcgaaattttttgcgaaaatgactgaaatcaa（AAAT）3	112	56 377	56 488	LSC	*atpB*
40	p4	（AATT）3	12	58 966	58 977	LSC	
41	c	（T）10ataggtatttagt（A）10	33	61 024	61 056	LSC	
42	p1	（T）12	12	61 394	61 405	LSC	
43	p2	（TC）5	10	62 863	62 872	LSC	*cemA*
44	p1	（G）10	10	64 968	64 977	LSC	
45	p1	（T）10	10	66 847	66 856	LSC	
46	p1	（T）11	11	69 049	69 059	LSC	
47	p1	（A）11	11	70 255	70 265	LSC	
48	p1	（T）12	12	71 742	71 753	LSC	
49	p1	（T）12	12	72 425	72 436	LSC	*clpP*
50	p1	（T）11	11	73 436	73 446	LSC	*clpP*
51	p2	（AT）6	12	74 110	74 121	LSC	
52	p1	（A）12	12	79 712	79 723	LSC	
53	p1	（A）14	14	79 874	79 887	LSC	
54	p4	（ATGT）3	12	80 012	80 023	LSC	*rpoA*
55	p1	（T）11	11	82 081	82 091	LSC	
56	p1	（A）10	10	83 136	83 145	LSC	
57	p1	（A）10	10	83 991	84 000	LSC	*rpl16*

续表

序号	类型	SSR	大小	开始位置	结束位置	所在区域	基因
58	p1	（T）15	15	85 420	85 434	LSC	
59	p3	（TAT）4	12	87 117	87 128	IRB	*rpl2*
60	p6	（TAGAAG）4	24	94 485	94 508	IRB	*ycf2*
61	p1	（T）10	10	102 111	102 120	IRB	
62	p4	（AGGT）3	12	108 333	108 344	IRB	*rrn23*
63	p4	（TTTA）3	12	110 521	110 532	IRB	
64	p1	（T）10	10	121 335	121 344	SSC	
65	p2	（AT）6	12	122 168	122 179	SSC	
66	p1	（A）10	10	123 061	123 070	SSC	*ndhA*
67	p1	（T）13	13	123 308	123 320	SSC	*ndhA*
68	p1	（T）10	10	130 333	130 342	SSC	*ycf1*
69	p4	（AATA）3	12	132 966	132 977	IRA	
70	p4	（CTAC）3	12	135 154	135 165	IRA	*rrn23*
71	p1	（A）10	10	141 380	141 389	IRA	
72	p6	（CTTCTA）4	24	148 992	149 015	IRA	*ycf2*
73	p3	（ATA）4	12	156 372	156 383	IRA	*rpl2*

注：p1，单核苷酸SSR；p2，二核苷酸SSR；p3，三核苷酸SSR；p4，四核苷酸SSR；p6，六核苷酸SSR；c，复合SSR。

8.3　中甸刺玫种内不同个体的叶绿体全基因组变异

8.3.1　中甸刺玫种内代表性个体的叶绿体全基因组大小及GC含量

中甸刺玫种内不同表型的41个植株的叶绿体基因组序列的长度、分区长度、GC含量等基本信息见表8-6。所采样的全部植株的全基因组序列长157 173～157 261bp，相差88bp。基因组最大的是植株7-1，为157 261bp，基因组最小的是植株2-5，为157 173bp。LSC区长为86 300～86 353bp，相差53bp，最长的是7-1，最短的是2-5；SSC区长为18 765～18 803bp，相差38bp；反向重复IR区长度均为26 054bp，说明种内基因组大小的差异主要来源于LSC和SSC区。所有植株的全基因组GC含量均为37.2%，其中IR区GC含量均为42.7%，LSC区GC含量均为35.2%，SSC区GC含量均为31.2%。

表8-6 中甸刺玫及其亲本叶绿体基因组基本信息

植株编号	长度/bp				GC含量/%			
	合计	LSC	SSC	IR	合计	LSC	SSC	IR
0-1	157 184	86 311	18 765	26 054	37.2	35.2	31.2	42.7
0-2	157 186	86 313	18 765	26 054	37.2	35.2	31.2	42.7
0-3	157 230	86 319	18 803	26 054	37.2	35.2	31.2	42.7
0-4	157 230	86 319	18 803	26 054	37.2	35.2	31.2	42.7
1-1	157 188	86 315	18 765	26 054	37.2	35.2	31.2	42.7
1-2	157 186	86 313	18 765	26 054	37.2	35.2	31.2	42.7
1-3	157 187	86 314	18 765	26 054	37.2	35.2	31.2	42.7
1-4	157 186	86 313	18 765	26 054	37.2	35.2	31.2	42.7
1-5	157 185	86 312	18 765	26 054	37.2	35.2	31.2	42.7
2-1	157 177	86 304	18 765	26 054	37.2	35.2	31.2	42.7
2-2	157 180	86 307	18 765	26 054	37.2	35.2	31.2	42.7
2-3	157 177	86 304	18 765	26 054	37.2	35.2	31.2	42.7
2-4	157 178	86 305	18 765	26 054	37.2	35.2	31.2	42.7
2-5	157 173	86 300	18 765	26 054	37.2	35.2	31.2	42.7
2-6	157 179	86 306	18 765	26 054	37.2	35.2	31.2	42.7
2-7	157 179	86 306	18 765	26 054	37.2	35.2	31.2	42.7
3-1	157 230	86 319	18 803	26 054	37.2	35.2	31.2	42.7
3-2	157 186	86 313	18 765	26 054	37.2	35.2	31.2	42.7
3-3	157 231	86 320	18 803	26 054	37.2	35.2	31.2	42.7
3-4	157 186	86 313	18 765	26 054	37.2	35.2	31.2	42.7
4-1	157 186	86 313	18 765	26 054	37.2	35.2	31.2	42.7
4-2	157 186	86 313	18 765	26 054	37.2	35.2	31.2	42.7
4-3	157 186	86 313	18 765	26 054	37.2	35.2	31.2	42.7
5-1	157 186	86 313	18 765	26 054	37.2	35.2	31.2	42.7
5-2	157 186	86 313	18 765	26 054	37.2	35.2	31.2	42.7
6-1	157 230	86 319	18 803	26 054	37.2	35.2	31.2	42.7
6-2	157 229	86 318	18 803	26 054	37.2	35.2	31.2	42.7
6-3	157 229	86 318	18 803	26 054	37.2	35.2	31.2	42.7
6-4	157 230	86 319	18 803	26 054	37.2	35.2	31.2	42.7
6-5	157 229	86 318	18 803	26 054	37.2	35.2	31.2	42.7
7-1	157 261	86 353	18 800	26 054	37.2	35.2	31.2	42.7
7-2	157 185	86 312	18 765	26 054	37.2	35.2	31.2	42.7
8-1	157 229	86 318	18 803	26 054	37.2	35.2	31.2	42.7
8-2	157 230	86 319	18 803	26 054	37.2	35.2	31.2	42.7

续表

植株编号	长度/bp				GC含量/%			
	合计	LSC	SSC	IR	合计	LSC	SSC	IR
8-3	157 230	86 319	18 803	26 054	37.2	35.2	31.2	42.7
8-4	157 229	86 318	18 803	26 054	37.2	35.2	31.2	42.7
8-5	157 185	86 312	18 765	26 054	37.2	35.2	31.2	42.7
8-6	157 231	86 320	18 803	26 054	37.2	35.2	31.2	42.7
9-1	157 213	86 340	18 765	26 054	37.2	35.2	31.2	42.7
9-2	157 188	86 315	18 765	26 054	37.2	35.2	31.2	42.7
10-1	157 188	86 315	18 765	26 054	37.2	35.2	31.2	42.7

8.3.2 中甸刺玫种内代表性个体的叶绿体基因组序列差异分析

中甸刺玫种内不同个体的叶绿体基因组大小差异较小，包含的叶绿体基因也比较保守。利用 DnaSP 5.10 软件对所有个体的全基因组序列进行比对，共检测到 58 个变异位点、22 个单倍型，单倍型多样性（haplotype diversity，Hd）为 0.928±0.027，核苷酸多态性（nucleotide polymorphism，π）为 0.000 12。种内叶绿体基因组在基因、基因间隔区的核酸多态性都较低，相对多态性较高的是位于 LSC 区的 *psbI-trnS-GCU*、*trnS-GCU-trnG-GCC*、*trnG-UCC-trnfM-CAU*、*petN-trnD-GUC*、*petA-psbJ*、*psaA-ycf3* 等基因间隔区，以及 *rps16* 和 *ycf1* 等基因（图 8-2）。Mauve 比对的结果表明中甸刺玫种内不同代表性个体的叶绿体基因组在结构上没有大变化，不存在大片段或基因的逆转或者丢失（图 8-3）。

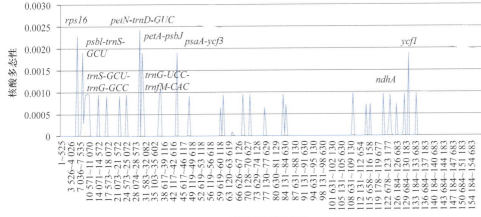

图 8-2 中甸刺玫种内叶绿体基因组的核酸多态性（滑窗大小=1000bp，步长=1000bp）

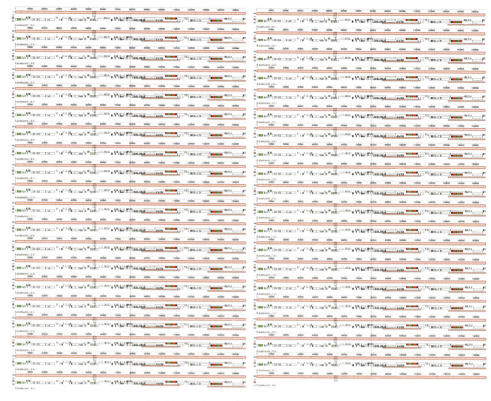

图 8-3 中甸刺玫种内叶绿体基因组的结构变化 Mauve 比较

8.4 小　　结

中甸刺玫的叶绿体基因组呈典型的环状四分体结构，长 157 173~157 261bp，组内不同个体间长度差异为 88bp。LSC 区长为 86 300~86 353bp，SSC 区长为 18 765~18 803bp，反向重复 IR 区长度均为 26 054bp，说明种内基因组大小的差异主要来源于 LSC 和 SSC 区。全基因组 GC 含量为 37.2%，其中 IR 区 GC 含量为 42.7%，LSC 区 GC 含量为 35.2%，SSC 区 GC 含量为 31.2%。

中甸刺玫的基因组共编码 129 个基因，包括 84 个蛋白编码基因、37 个 tRNA 基因和 8 个 rRNA 基因，其中 6 个蛋白编码基因、7 个 tRNA 基因和 4 个 rRNA 基因在 IR 区完全重复。全部基因共由 27 155 个密码子编码，其中亮氨酸是使用频率最高的氨基酸，而组氨酸是使用频率最低的氨基酸。以 A 和 U 为末端的密码子较常见。中甸刺玫的叶绿体基因组中有 33 个正向和 3 个反向重复序列，中甸刺玫的叶绿体基因组中共找到73个SSR，其中有42个为单核苷酸SSR（A/T/G/C），且绝大部分为单纯类型SSR，大部分SSR位于基因间隔区（IGS）。中甸刺玫种内不同个体的叶绿体基因组大小差异较小，包含的叶绿体基因也比较保守，*psbI-trnS-GCU*、*trnS-GCU-trnG-GCC*、*trnG-UCC-trnfM-CAU*、*petN-trnD-GUC*、*petA-psbJ*、*psaA-ycf3*等基因间隔区以及*rps16*和*ycf1*等基因的核酸多态性相对较高。中甸刺玫种内不同代表性个体的叶绿体基因组在结构上没有大变化，不存在大片段或基因的逆转或者丢失。

第 8 章　中甸刺玫的叶绿体基因组特征及种内变异

第 9 章

中甸刺玫的繁育系统

繁育系统不仅影响着物种遗传多样性高低及遗传结构组成（Loveless and Hamrick，1984），而且对植物的进化过程和形态特征变异有着重要作用（Wyatt，1983）。传粉是种子植物受精的必经阶段，传粉过程通常受居群所处环境的影响。不同的传粉方式在一定程度上影响着居群的遗传多样性和遗传结构。植物的繁育系统研究对于揭示物种形成机制、适应性、群体遗传及制定合理的物种保护策略均有非常重要的作用（何亚平和刘建全，2003）。

蔷薇属植物的繁育系统比较复杂，种间差异较大。国内对蔷薇属野生植物的繁育系统鲜有研究。中甸刺玫是中国西南非常有代表性的蔷薇属植物。在对中甸刺玫自然居群进行开花物候和单花花期观察的基础上，通过人工控制授粉和传粉昆虫观测对其繁育系统进行了研究（伍翔宇等，2014）；同时，利用电镜观测其花粉形态，利用离体萌发法检测其花粉活力，用联苯胺-过氧化氢染色法检测其柱头可授性。研究结果可为其遗传分化研究提供繁殖生物学方面的证据，还能为其保护和利用奠定繁殖生物学基础。

9.1 中甸刺玫的开花物候、花期及花形态

中甸刺玫的盛花期为 6 月 20 日至 7 月 3 日。花蕾显色后 2～3 天开放，单花寿命 7～8 天，刚开时花瓣色较深，随开放过程逐渐变淡，脱落前变浅粉色（图 9-1）。中甸刺玫的花香味不明显，花的平均直径为（11.14±0.34）cm，花瓣粉红色，一般为 5，但常有半重瓣现象出现（图 9-2），单花花瓣数（5.9±1.1）瓣/

第9章 中甸刺玫的繁育系统

图9-1 野外中甸刺玫开花过程观察

朵；雌蕊淡绿白色，很短，仅白色柱头簇生于萼筒口；雄蕊花丝绿白色，远长于柱头，花药黄色（图9-2，图9-3），这种雌雄蕊异长且雌蕊较短特性可以避免雌蕊对雄蕊的干扰，促进花粉散发。单花于早上温度开始上升后陆续开放，当天即可完全打开。花开放后1h左右开始散粉，第2天花药变色，第3天干瘪，停止散粉。花瓣在花开后第6~7天后开始脱落。果实在授粉后3~4个月成熟，自然状态下座果率为68%。

155

图9-2 中甸刺玫种内的半重瓣现象

图9-3 中甸刺玫的雄蕊和柱头

9.2 中甸刺玫花粉和柱头的微形态以及花粉-胚珠比（P/O）

中甸刺玫花粉为单粒、等极和辐射对称（图9-4）。花粉为长球形，极轴长P/赤道轴长E≤2。花粉的极面为三孔沟的三裂圆形；赤道面呈椭圆形，可见1～2条萌发沟，萌发沟几乎达到两极（图9-5）。花粉外壁纹饰为条纹型，并分布较多孔穴（图9-6）。在资源圃中采集的中甸刺玫花粉多为畸形、空瘪（图9-7，图9-8），离体萌发试验时可见花粉粒多破裂，内含物质溢出（图9-9），萌发率仅10%左右。中甸刺玫的柱头为湿柱头，具有短绒毛（图9-10），在柱头乳突组织发育成熟时柱头具有最强可授性，此时一般为花朵开放的第二天，之后随着乳突组织的萎缩可授性逐渐降低。

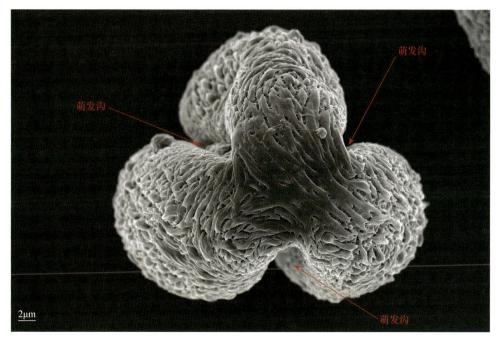

图9-4 中甸刺玫的花粉极面

野外观察到的中甸刺玫平均每朵花有柱头（61.3±10.2）个，雄蕊（139.2±21.0）个，单个花药可产生花粉（5400±580）粒，单朵花可产生花粉（754 960±152 810）粒，P/O为12 485.7±2601.7，属专性异花授粉植物。

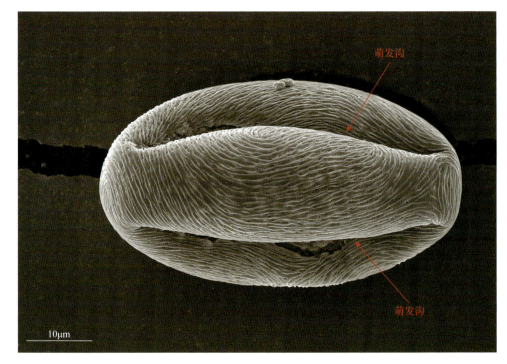

图9-5 中甸刺玫花粉赤道面

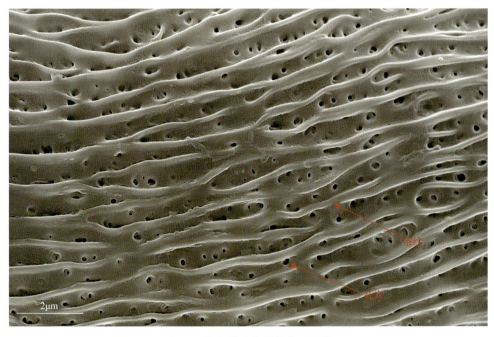

图9-6 中甸刺玫花粉的表面纹饰

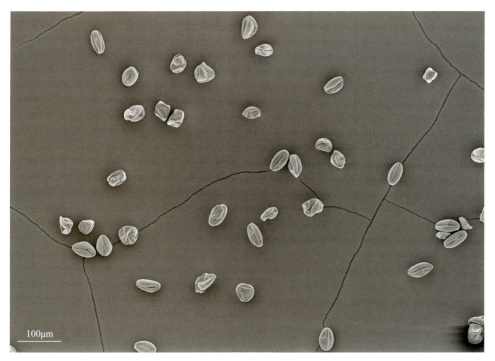

图9-7 中甸刺玫的花粉中的正常花粉与不正常花粉占比

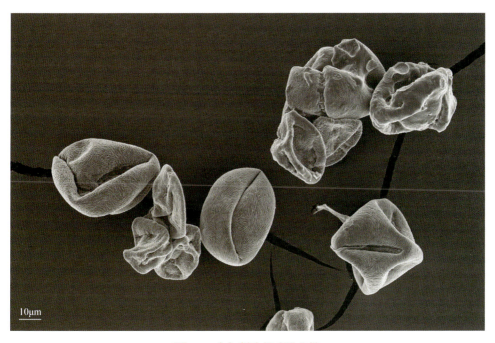

图9-8 中甸刺玫的畸形花粉

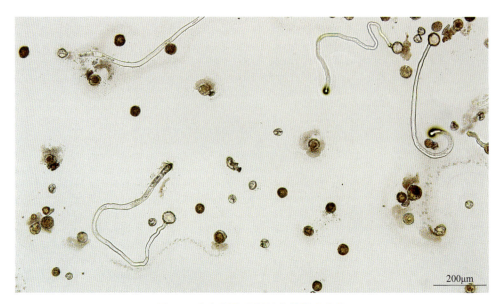

图9-9 中甸刺玫花粉的离体萌发状态

图9-10 中甸刺玫的柱头形态及可授性检测

9.3 中甸刺玫的花粉活力和柱头可授性

中甸刺玫野外植株外观正常的花粉在散粉的第一天能维持较高的萌发率（图9-11），早上花刚开时的花粉萌发率为54.5%，中午时为31.3%，此后收集的花粉的萌发率上升为86.95%，傍晚时花粉的萌发率仍高达79.83%。柱头可授性检测的结果（图9-12）表明，中甸刺玫在开花第1天对柱头进行人工授粉的座果率为25%，第2天为32.5%，第3天开始下降，且植株间差异较大（$P<0.05$）。

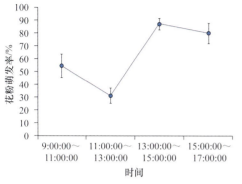

图9-11　中甸刺玫花粉萌发率检测

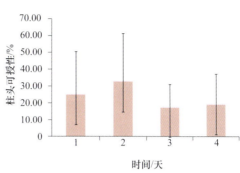

图9-12　中甸刺玫的柱头可授性检测

9.4　中甸刺玫人工控制授粉试验结果

对中甸刺玫进行人工控制授粉试验的过程如图9-13所示。结果表明：中甸刺玫去雄套纸袋、不去雄套纸袋和去雄后套网袋均无植株结实，分别表明其不能进行无融合生殖、自动自花授粉和风媒传粉。中甸刺玫同株同花授粉试验的座果率也为0，说明中甸刺玫也不是被动自花授粉植物；同株异花授粉试验有2株没有座果，座果植株的人工授粉座果率为（56.67±32.53）%；同株异花授粉没有座果的中甸刺玫植株异株异花人工授粉也没有座果，同株异花人工授粉座果的植株异株异花人工授粉也座果，座果率为（75±8.66）%。因此，中甸刺玫大部分植株既可进行异交，也可进行同株异花自交。

中甸刺玫同株异花人工授粉（geitonogamy）所获蔷薇果的果径和单果种子数量与异株异花授粉（xenogamy）相比均显著降低，但单粒种子质量却显著增加（图9-14），其同株异花授粉每个蔷薇果的种子数为8.21粒，单粒种子质量为0.167g；异株异花授粉每个蔷薇果可产生种子21.38粒，单粒种子质量仅为0.126g。以自交为主的物种，近交衰退的影响主要表现在种子萌发和后代生长阶段。中甸刺玫的种子萌发非常困难，由于居群中植株少、传粉昆虫也少，产生同株异花自交的可能性较大。同株异花授粉后中甸刺玫产生的种子数虽然少，但种

图 9-13 中甸刺玫人工控制授粉试验

子发育饱满，从而增大天然居群中的种子萌发率以促进居群通过实生种苗更新。此外，由于自交在占据新生境、克服传粉媒介短缺、维持植物种群的局部适应等方面有明显优势，中甸刺玫既可进行同株异花自交，又可进行异交，这种混合的繁殖特性对其分布和扩散、保持对中甸高原复杂的气候和环境条件的适应性并维持较高的遗传多样性具有重要的意义。

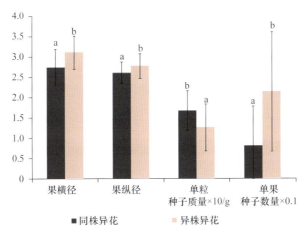

图9-14 中甸刺玫同株异花和异株异花果实及种子比较

a、b表示二者之间差异显著，a的均值显著小于b

9.5 中甸刺玫的访花昆虫

访问中甸刺玫的昆虫主要是一种熊蜂（*Bombus* sp.）（图9-15），偶见中华蜜

图9-15 中甸刺玫的访花昆虫——熊蜂

蜂（*Apis cerana cerana*）和微型甲壳类昆虫（图9-16）。白天天气晴朗时昆虫的访问一直持续，遇天阴或下雨时活动即停止。熊蜂在中甸刺玫同一朵花上停留的时间较长，主要在同一植株上活动。熊蜂具有较高的传粉效率，可以弥补其他传粉昆虫访花频率低对其传粉造成的影响。中甸刺玫在开放的过程中花色变化可能是为了增加群体的开花式样，以吸引更多的访花者。

图9-16　中甸刺玫的访花昆虫——蜜蜂和微型甲壳类

9.6　小　　结

中甸刺玫花粉为单粒、等极和辐射对称的长球形，花粉外壁纹饰为条纹型，并分布较多孔穴。在资源圃中采集的中甸刺玫花粉多为畸形、空瘪，萌发率仅10%左右。中甸刺玫的柱头为湿柱头，具有短绒毛，在花朵开放的第二天柱头乳突组织发育成熟，此时的可授性最强。

中甸刺玫分布的海拔较高，昆虫的多样性和活动能力较低。为了适应这种环境，降低传粉限制的影响，中甸刺玫进化出了相应的繁殖生物学特征：柱头远短于雄蕊，仅位于萼筒口，单花寿命延长，开放过程中花色变化，等等。此外，其主要传粉昆虫熊蜂具有较高的传粉效率，可以弥补其他传粉昆虫访花频率低对其传粉造成的影响。虽然中甸刺玫的P/O属于专性异花授粉植物范围，但人工控制授粉结果却表明除异交外，同株异花自交也是其主要的繁殖方式。这种混合的繁育系统对其分布和扩散、保持对高海拔地区复杂的气候和环境条件的适应并维持较高的遗传多样性具有重要的意义。

第10章

中甸刺玫向低海拔引种栽培的生理生态影响因子

　　植物的生长发育随环境的变化而有不同表现。通过观测植物的生长发育特性可以了解植物对环境的适应性。大棚内温度、湿度较高，受自然环境变化的影响较小（张福墁，2001），植物在大棚内和露地的生长发育常有显著差异。对比植物在大棚和露地栽培的生长发育情况可了解植物对温度的适应范围。以中甸刺玫的嫁接苗为材料，比较其在昆明的露地与大棚两种环境条件下的驯化栽培表现，观测引种驯化栽培后与原生地的生长发育、光合特性及其物候的变化，探究中甸刺玫对昆明露地和大棚环境的适应性以及氮肥对其生长发育的影响，可为中甸刺玫的迁地保存和引种驯化的栽培技术研究奠定基础。

10.1　引种地的自然概况

　　引种地为云南省昆明市盘龙区城郊雨树村云南省农业科学院花卉研究所月季资源与育种基地，东经102°45′31″、北纬25°08′9″，海拔1918m，地处低纬高原山地季风气候，属北亚热带。2003年至今的气象资料表明：昆明年均气温14.8℃，最热月（7月）平均气温19.9℃，最冷月（1月）平均气温7.8℃（表10-1），年温差12～13℃。历史上年极端气温最高31.2℃，最低−7.8℃。全年降水量约1001.8mm，相对湿度为74%。全年无霜期近年均在240天以上，晴天较多，日照时数年均2445.6h，日照率56%，年均总辐射量达129.78kcal/cm^2，其中雨季62.78kcal/cm^2，干季67kcal/cm^2。

表10-1 中甸刺玫引种地的气候条件（2003年至今，数据引自昆明市气象站）

月份	温度/℃			平均降水总量/mm
	平均最低日温	平均最高日温	平均温度	
1	2.2	15.5	7.8	13.7
2	3.8	17.4	9.4	12.8
3	6.6	20.8	13.2	16.7
4	10.1	24	16.7	22.5
5	14.2	24.7	19.3	90.9
6	16.5	24.7	19.5	182.1
7	16.9	24.1	19.9	207
8	16.2	24.1	19.2	200.8
9	14.5	22.7	17.6	120.4
10	11.8	20.3	15	84.2
11	7.1	17.7	11.5	37.8
12	3.1	15.3	8.3	13.2
合计			14.8	1001.8

昆明天然植被中的物种包括云南松（*Pinus yunnanensis*）、华山松（*Pinus armandii*）、爆杖花（*Rhododendron spinuliferum*）、长尖叶蔷薇、单瓣白木香、偏翅唐松草等。引种地土壤为新开荒的红壤，砂质黏壤土，pH在5.8～6.5，属微酸性土壤。有机质1.0%～1.5%，有效氮80～110mg/kg，有效磷3～8mg/kg，有效钾50～85mg/kg，钙含量适中，镁和硼含量较低。

结合表10-1和表3-2，引种地与原生地香格里拉相比主要是由于地理位置和海拔不同导致的温度差异，两地的年均温和月平均温的差异较大。昆明的日照时数、日照率、年均总辐射量与原生地的差异较小。两地的全年降水量在时间分布上相似，均明显分为干湿两季，土壤均为微酸性土壤。因此，温度是影响中甸刺玫在昆明能否引种驯化成功的主要环境因子。

10.2 昆明露地与大棚栽培对中甸刺玫生长发育的影响

秋季（9月）选择长势相同的两年生嫁接中甸刺玫植株［砧木为七姊妹（*R. multiflora* var. *carnea*）］各15株，修剪保留株高60～80cm后分别定植到昆明的露地和大棚内，进行相同的肥、水及病虫害防控管理。监测各自的环境条件，特别是温度（表10-2），并分别定点观测植株的物候、生长发育、开花结实及病虫害情况。

表10-2　昆明露地与大棚月平均温度比较　　　　　　（单位℃）

平均温度	1月	2月	3月	4月	5月	6月	7月	8月	9月	10月	11月	12月
大棚	10.1	13.2	16.2	18.1	22.4	23.0	24.7	25.7	22.6	20.3	15.1	10.4
露地	8.5	11.4	12.9	16.9	21.3	20.9	21.6	21.7	17.6	16.2	12.2	9.2
温差	1.6	1.8	3.3	1.2	1.1	2.1	3.1	4.0	5.0	4.1	2.9	1.2

10.2.1　昆明露地与大棚栽培对中甸刺玫物候的影响

昆明露地栽培与大棚栽培的中甸刺玫的萌芽期分别是2月23～28日和2月26日～3月5日，现蕾期分别是3月22日～4月2日和4月16～28日，盛花期分别是4月18～30日和5月19～24日，幼果期分别是5月16～25日和5月26～28日，果熟期露地在8月12～15日（表10-3）。

表10-3　中甸刺玫在昆明大棚和露地栽培条件下开花物候比较

定植后时间	栽培环境	萌芽期	现蕾期	始花期	盛花期	末花期	幼果期	果熟期
第一年	大棚	2.28	4.16	5.2	5.24	5.26	5.28	—
	露地	2.25	3.25	4.22	4.28	5.13	5.20	
第二年	大棚	2.26	4.28	5.12	5.19	5.24	5.26	—
	露地	2.23	3.22	4.19	4.27	5.16	5.25	
第三年	大棚	3.1	—					
	露地	2.25	3.22	4.5	4.18	5.13	5.23	8.15
第四年	大棚	3.5	—	—	—	×	×	×
	露地	2.28	4.2	4.15	4.30	5.14	5.16	8.12

注：表中"—"表示花、果脱落或无果；"×"表示试验终止；表10-4同此。萌芽期：全树5%的花芽或叶芽开始膨大、鳞片松动露白的时间；现蕾期：植株刚开始出现花蕾的时间；始花期：全树5%的花开放的时间；盛花期：全树25%～75%的花开放的时间；末花期：全树95%的花凋谢的时间；幼果期：花受精后25%的花托开始膨大的时间；果熟期：全树50%的果实成熟的时间。

10.2.2　昆明露地与大棚栽培对中甸刺玫营养生长物候的影响

大棚栽培植株2月26～3月5日萌芽生长，到次年1月15～26日落叶休眠，新梢萌芽生长316～334天，植株落叶休眠31～49天（表10-4）。大棚栽培植株新梢展叶期、春梢生长期、基生芽萌发期较露地栽培早。大棚栽培植株第一年和第二年新梢生长出现夏季枯叶休眠现象和明显的秋梢生长现象，秋梢生长期9月

2~16日，秋梢停长期12月8~16日。露地栽培植株2月23~28日萌芽生长，到12月25~1月12日落叶休眠，新梢萌芽生长300~323天，植株落叶休眠42~65天。中甸刺玫在昆明无论是露地或大棚栽培，都有明显的夏眠现象，大棚中常在7月底开始夏眠，露地则大多在8月10~14日。

表10-4　昆明大棚和露地栽培中甸刺玫的营养生长物候比较

定植后时间	栽培条件	萌芽期	展叶期	春梢生长期	春梢停长期	基生芽萌发期	夏眠期	秋梢生长期	秋梢停长期	休眠期
第一年	大棚	2.28	3.26	4.6	6.12	6.25	—	9.2	12.14	1.26
	露地	2.25	3.26	4.11	6.20	—	8.10	11.18		1.4
第二年	大棚	2.26	3.25	4.3	6.8	6.23	7.30	9.16	12.16	1.26
	露地	2.23	3.28	4.16	6.26	7.12	8.12	11.20		1.12
第三年	大棚	3.1	3.24	3.31	6.2	—	7.26	9.16	12.8	1.15
	露地	2.25	3.28	3.31	5.30	7.13	8.18	11.30		12.25
第四年	大棚	3.5	3.30	4.2	×	×	×	×	×	×
	露地	2.28	3.28	4.12	6.12	7.12	8.14	11.24		1.6

注：表中"—"表示无枝生长日期；"×"表示试验终止。萌芽期：全树5%的花芽或叶芽开始膨大、鳞片松动露白的时间；展叶期：全树25%的叶芽第一片小叶展开的时间；春梢生长期：全树25%的叶芽开始长出1cm新梢的时间；春梢停长期：全树80%的新梢停止生长的时间；休眠期：全树95%的叶自然脱落的时间。

10.2.3　昆明露地与大棚栽培对中甸刺玫植株生长量的影响

中甸刺玫的株高在露地和大棚栽培条件下差异显著（$P<0.05$）（表10-5）。大棚栽培的植株株高251.73cm，露地栽培的植株高137.13cm。两种栽培条件下植株的冠幅面积没有显著差异（$P>0.05$），但露地种植的植株冠幅比大棚种植的冠幅大。中甸刺玫新梢的直径、叶长和顶小叶长在不同栽培条件下有显著差异（$P<0.05$），新梢直径0.74~0.94cm、叶长9.53~13.61cm、顶小叶长2.37~2.74cm，露地栽培的新梢较粗，大棚栽培的叶片和顶小叶均较长。不同栽培方式对新梢长和顶小叶宽没有显著影响（$P>0.05$）。

表10-5　昆明露地与大棚栽培对中甸刺玫生长量的影响

处理	株高/cm	冠幅/m²	新梢长/cm	直径/cm	叶长/cm	顶小叶长/cm	顶小叶宽/cm
露地	137.13±11.95a	2.41±0.47a	141.28±7.47a	0.94±0.05b	9.53±0.24a	2.37±0.07a	1.36±0.05a
大棚	251.73±9.49b	1.53±0.16a	144.50±7.64a	0.74±0.04a	13.61±0.29b	2.74±0.07b	1.44±0.05a
F	56.369	3.181	0.091	12.5	121.567	14.265	1.181

注：数据为平均值±标准差；同列不同字母表示在不同的试验点间在0.05水平差异显著。

10.2.4 昆明露地与大棚栽培对中甸刺玫开花结实的影响

露地栽培的中甸刺玫第一年仅26.67%的植株开花，第三年则全部开花，结实植株则由0增加到100%，开花和结实的植株均逐年增多（表10-6）。大棚栽培条件下第一年有53.33%的植株开花，第二年有40%的植株开花，第三年和第四年均没有植株开花，开花植株逐年减少，花开后即脱落或幼果在10天内脱落，植株不能正常结实。

表10-6 中甸刺玫在露地与大棚栽培条件下开花结果的情况比较

定植后年份	露地		大棚	
	开花率/%	结实率/%	开花率/%	结实率/%
第一年	26.67	0	53.33	0
第二年	86.67	33.33	40	0
第三年	100	100	0	0
第四年	100	100	0	0

10.2.5 中甸刺玫在昆明栽培的主要病虫害

在昆明栽培中甸刺玫的主要病害是月季白粉病，主要虫害有蔷薇圆管蚜（*Anuraphis roseus*）和铜绿异丽金龟（*Anomala corpulenta*）。蚜虫从4月下旬到6月发生或在9~10月发生，金龟子的幼虫危害地下根系，成虫对地上部分叶片的危害较轻。白粉病在春、秋季发生，苗期及大棚栽培病害较重。

10.3 中甸刺玫在昆明与香格里拉的植物学性状比较

中甸刺玫引种至昆明后，2月底芽开始萌动，萌芽期较香格里拉提前约50天。新梢生长从3月底至11月初，历时7个月，而香格里拉植株新梢生长从5月底至10月中旬，历时四个半月，生长期缩短两个半月（表10-7），这是香格里拉植株新梢长度和直径远小于昆明植株的重要原因（表10-8）。昆明的植株花期较香格里拉提前约2个月，4月初开始进入花期并持续至5月中旬，花期共计约38天，香格里拉植株6月中旬进入花期并持续至7月中下旬，花期共计约40天，两地花期持续的时间没有显著差异。从萌芽期到休眠期，昆明植株共计生长305天，香格里拉植株共计生长了196天（表10-7）。虽然昆明植株生长时间长、生长势旺盛，但叶片、花冠直径和果实等均比香格里拉的植株小且差异显著（表10-8）。由于昆明海拔较低、紫外光相对较弱，4～5月开花时空气湿度低等影响，花色比香格里拉淡（表10-9）。

表10-7 昆明和香格里拉的中甸刺玫物候期比较

地点	萌芽期	展叶期	新梢始长期	始花期	盛花期	末花期	现果期	果熟期	新梢停止生长期	休眠期	生长期/天
昆明	2/25	3/24	3/31	4/5	4/18	5/12	5/19	8/20	11/3	12/25	305
香格里拉	4/15	5/25	5/28	6/10	6/25	7/20	7/26	10/7	10/18	10/28	196

表10-8 昆明和香格里拉的中甸刺玫植物学性状比较

地点	新梢长/cm	新梢直径/cm	顶小叶长/cm	顶小叶宽/cm	花冠直径/cm	果实横径/cm	果实纵径/cm
昆明	141.28±7.47a	0.94±0.05a	2.37±0.07b	1.39±0.04b	8.12±0.14b	2.21±0.02b	2.05±0.04b
香格里拉	51.46±3.34b	0.43±0.03b	3.31±0.13a	1.75±0.05a	9.09±0.16a	2.64±0.04a	2.34±0.03a

注：数据为平均值±标准差；同列不同字母表示在不同的试验点间在0.05水平差异显著。

表10-9 昆明和香格里拉的中甸刺玫花色比较

地点	花色类型	花瓣边缘部分颜色		花瓣中部颜色	
		正面	背面	正面	背面
香格里拉	粉白花	69B	69B	69C	69C
	粉红花	73A	N74C	N74D	N57D
	深粉花	N57B	N57C	N66	N57D
	浅粉	75C	75C	75D	75D
昆明	粉白花	69C	69C	69D	69D
	粉红花	75B	75A	75C	75C
	深粉花	73A	N66D	73A	N66D
	浅粉	75C	75C	75D	75D

注：表中所列为英国皇家园林协会（RHS）标准比色卡所读出的颜色代码。

10.4 中甸刺玫在昆明与香格里拉的光合特性比较

用便携式气体交换系统（LI-6400，USA）分别测定香格里拉的5年生中甸刺玫根蘖苗植株花期（2010年7月10～13日）和引种到昆明的5年生嫁接苗（砧木为七姊妹）花期（2010年4月19～21日）的光合作用，同时测量各自的比叶重、叶氮含量、叶绿素含量等性状（表10-10），测定和数据分析方法见李树发等（2013）。结果表明，中甸刺玫在昆明的比叶重和单位面积叶氮含量均显著低于在香格里拉。虽然两地的叶氮在Rubisco中的分配系数、叶氮在电子传递中的分配系数、光合氮利用效率等指标的差异未达到显著水平，但在昆明的指标均高于在香格里拉的相应指标；同时，尽管中甸刺玫在昆明的叶绿素a和叶绿素b含量均显著低于在香格里拉的，但其在昆明却有相对较高的叶绿素a/叶绿素b，说明其能适应昆明相对较低的蓝紫光环境。

表10-10 昆明和香格里拉的中甸刺玫叶片性状比较

地点	比叶重/(g/m^2)	单位面积叶氮含量/(g/m^2)	叶氮在Rubisco中的分配系数	叶氮在电子传递中的分配系数	叶氮在捕光色素复合体中的分配系数	光合氮利用效率/$[\mu mol/(g \cdot s)]$	叶绿素a含量/$(\mu g/cm^2)$	叶绿素b含量/$(\mu g/cm^2)$	叶绿素a/叶绿素b
昆明	84.54±1.53a	1.77±0.09a	0.286±0.017a	0.081±0.010a	0.011±0.002a	7.46±0.25a	25.64±1.55a	12.07±0.47a	2.14±0.20a
香格里拉	93.98±2.19b	2.51±0.17b	0.231±0.015a	0.062±0.003a	0.013±0.001a	6.62±0.59a	35.11±0.90b	19.25±2.43b	1.87±0.18a

注：数据为平均值±标准差；同列不同字母表示在不同的试验点间在0.05水平差异显著。

光合作用的测量和分析结果表明，中甸刺玫引种至昆明后，其气孔导度较香格里拉大幅下降，仅为香格里拉的43.60%，而蒸腾速率则略微升高（表10-11）。昆明生长植株的光补偿点为40.70μmol/$(m^2 \cdot s)$，较香格里拉的植株增加19.64μmol/$(m^2 \cdot s)$，表明其对弱光环境的利用效率较低，表现在具有较低的表观量子产额。香格里拉植株的光补偿点较低、光饱和点较高，表明其具有较宽的光能适应范围和较高的光能利用效率，且在相同的光照强度下，香格里拉植株较昆明植株具有较大的净光合速率，其最大净光合速率为16.49μmol/$(m^2 \cdot s)$，为昆明植株的1.25倍。香格里拉植株的呼吸速率为1.31μmol/$(m^2 \cdot s)$，仅为昆明植株的58.22%，有效减少了植物的碳消耗，增加了光合作用产物的积累。在较低CO_2浓度水平上（0～400μmol/mol），净光合速率与CO_2浓度呈线性相关；当CO_2浓度达到600～1000μmol/mol时，净光合速率增加缓慢；当CO_2浓度高于1000μmol/mol时，净光合速率趋于饱和。香格里拉植株的CO_2补偿点较低，CO_2饱和点较高，对CO_2浓度具有较宽的适应范围和利用能力，表现在具有较高的最大羧化速率和最大电子传递速率（表10-11）。

表10-11　昆明和香格里拉的中甸刺玫光合作用特征参数比较

光合特征参数	昆明	香格里拉
气孔导度/[mol/($m^2 \cdot s$)]	0.252±0.020b	0.578±0.097a
蒸腾速率/[mmol/($m^2 \cdot s$)]	3.44±0.29a	3.20±0.08a
最大净光合速率/[μmol/($m^2 \cdot s$)]	13.17±0.53a	16.49±1.00b
光补偿点/[μmol/($m^2 \cdot s$)]	40.70±4.23a	21.06±2.56b
光饱和点/[μmol/($m^2 \cdot s$)]	828.11±79.55a	955.47±63.68a
表观量子产额	0.051±0.002a	0.053±0.006a
呼吸速率/[μmol/($m^2 \cdot s$)]	2.25±0.27a	1.31±0.19b
CO_2补偿点/(μmol/mol)	57.23±2.71a	55.60±0.87a
CO_2饱和点/(μmol/mol)	1041.04±25.22a	1109.94±99.68a
最大羧化速率/[μmol/($m^2 \cdot s$)]	39.67±0.67a	45.33±0.33b
最大电子传递速率/[μmol/($m^2 \cdot s$)]	151.33±13.33a	164.33±9.17a

注：数据为平均值±标准差；同行不同字母表示在不同的试验点间在0.05水平差异显著。

10.5　氮肥对中甸刺玫生长发育的影响

以引种到昆明的中甸刺玫一年生嫁接苗为材料，用26cm×23cm黑色塑料花盆为容器，以田园土：腐叶土=8：2为基质进行盆栽。以不施肥为对照（CK），施肥的3种处理将亚磷酸二氢钾（KH_2PO_3）和硫酸钾（K_2SO_4）的用量分别固定为45.41g/（盆·次）和10.62g/（盆·次），改变尿素[$CO(NH_2)_2$]的用量，分别为45g/（盆·次）（Ⅰ）、75g/（盆·次）（Ⅱ）和105g/（盆·次）（Ⅲ）。从8月开始每月施一次肥，累计施肥12次。试验结束后每处理选取15个有代表性的植株，测量新梢粗（新梢基部向上2~3cm处的直径）、新梢长（新梢基部至顶芽的长度）、新梢顶部向下第4~6片的叶长（连叶柄）、顶小叶长和宽等，用SPAD-502叶绿素仪（日本柯尼卡美能达公司）测量叶绿素含量。采用对各项指标打分的方法进行综合评定。相关指标具有最大值的为4分，具有最小值的为1分，然后将各个指标的得分相加，最高分的处理则为最优处理。

10.5.1　不同氮肥施用量对中甸刺玫新梢和叶片的影响

氮肥对中甸刺玫的新梢生长有显著的促进作用（表10-12），新梢的高和粗在不同处理间均有显著差异（$P<0.05$）。75g/（盆·次）的尿素处理新梢最长，达

到42.80cm，对照的最低，仅有27.33cm。75g/（盆·次）的尿素处理的新梢也最粗，可达0.34cm，显著高于对照、45g和105g尿素，后三者之间的差异不显著，为0.18~0.23cm。

表10-12　不同的氮肥施用量对中甸刺玫新梢生长的影响

处理	新梢长/cm	直径/cm	叶长/cm	小叶长/cm	小叶宽/cm	叶绿素SPAD值
CK	27.33±1.44a	0.18±0.01a	8.40±0.30a	1.91±0.06a	1.29±0.03a	31.33±1.17a
Ⅰ	35.20±2.68b	0.22±0.02a	9.40±0.31b	1.95±0.06a	1.23±0.03a	37.56±1.62b
Ⅱ	42.80±1.73c	0.34±0.03b	11.06±0.29c	3.19±0.17b	1.80±0.07b	42.37±1.74c
Ⅲ	29.80±1.68b	0.23±0.01a	9.42±0.33b	2.04±0.05a	1.38±0.03a	44.72±1.81c
F	12.472	10.47	12.801	40.038	30.148	13.595
P	0.000	0.000	0.000	0.000	0.000	0.000

注：数据为平均值±标准差；同列不同字母表示不同处理间在0.05水平差异显著。

中甸刺玫的叶片长度及顶小叶长和宽在4种不同的处理条件下存在显著差异（$P<0.05$）（表10-12）。叶片长度范围为8.40~11.06cm，最大值出现在75g/（盆·次）尿素施用量中，对照的叶片最短，其他两种氮肥施用量间没有显著差异。顶小叶长和宽分别为1.91~3.19cm和1.23~1.80cm，75g/（盆·次）尿素处理的小叶片最长也最宽，对照和其他两种氮肥施用量间没有显著差异。中甸刺玫叶片叶绿素含量随着氮肥施用量的增加而增加，不同处理之间存在显著差异（$P<0.05$）。不施用氮肥时叶绿素SPAD值仅为31.33，施用105g/（盆·次）氮肥使叶绿素SPAD值增加到44.72，但与75g/（盆·次）尿素之间没有显著差异。

10.5.2　不同氮肥施用量对中甸刺玫新梢生长的综合影响

对不同处理下中甸刺玫的新梢生长进行综合评定的结果见表10-13，可以看出综合评分由高到低的顺序为Ⅱ>Ⅲ>Ⅰ>CK，也就是当每盆每次施45.41g KH_2PO_4和10.62g K_2SO_4时，加施75g $CO(NH_2)_2$处理的中甸刺玫新梢生长最好，其次是加施105g $CO(NH_2)_2$。不施用肥料的生长最差。

表10-13　不同的氮肥施用量对中甸刺玫新梢生长的综合评价

处理	新梢长	直径	叶长	小叶长	小叶宽	叶绿素含量	合计
Ⅰ	2	1	2	1	1	2	9
Ⅱ	3	2	3	2	2	3	15
Ⅲ	2	1	2	1	1	3	10
CK	1	1	1	1	1	1	6

10.6 小　　结

　　引种到昆明露地栽培的中甸刺玫嫁接苗经过3~4年的营养生长后进入生殖生长，始开花的第1~2年花量较少，幼果自然脱落，3年以后开花结果量逐年增加（图10-1A，C，D）。露地栽培的植株生长发育及开花结实的物候期与桂味组的蔷薇相同。大棚栽培的植株由于夏季棚内高温的影响而强迫落叶休眠（图10-1B），当秋季温度下降后植株重新发出秋梢，秋梢的生长因冬季棚内温度高于露地而延迟了休眠，同样也影响了花芽的形成和发育，使次年的开花物候期推迟。但是，早春棚内温度高于露地，新梢和叶片生长较快。因此，昆明露地栽培的植株比大棚栽培的植株开花和结果物候期早。生长季大棚内高温强迫植株休眠，改变了中甸刺玫生长发育的物候期，从而影响了植株的正常开花结果。与香格里拉相比，昆明较长的生长周期保障了较长的光合作用时间，植株积累了较多的碳水化合物从而保证了旺盛的生长势，这是昆明的中甸刺玫当年生新梢长度和直径均高于香格里拉的重要原因。研究还发现，昆明植株的叶片、花冠直径和果实等均比香格里拉植株小，花期提前约2个月但持续时间没有显著差异，主要观赏性状没有发生显著改变。中甸刺玫引种至昆明后不需要特殊的保护就能够顺利地在露地越冬和越夏，生长良好且能正常开花结实，发生的病虫害也较少，说明中甸刺玫能够适应昆明的自然环境，可以被成功引种。

　　生长在香格里拉的中甸刺玫，其光补偿点和光饱和点分别为21.06μmol/（$m^2 \cdot s$）、955.47μmol/（$m^2 \cdot s$），最大净光合速率为16.49μmol/（$m^2 \cdot s$），表明中甸刺玫具有较宽的光能利用范围，能够适应较强光照条件。将其引种至昆明种植后，其光补偿点和光饱和点分别上升了93.25%和下降了13.33%，表明引种至昆明后其对光能的利用效率较香格里拉有所降低；而CO_2饱和点、最大羧化速率和最大电子传递速率等均较香格里拉植株略有下降，但下降的范围不大，表明其具有较大的光合作用潜力和较广的适应能力，适宜生存的环境较广。中甸刺玫引种至昆明后，植株通过调整气孔导度以减少水分蒸腾，降低叶绿素含量来减少过剩光能的吸收，增加氮在光合器官中的分配来提高资源的利用效率，从而保证其光合能力较原生地植株没有太大下降，并实现在昆明正常开花结实，表明其能够成功引种至昆明种植。但昆明大部分时间的日照时数较长，光合有效辐射远高于其光饱和点，春季的高温少雨使空气相对湿度明显低于原生地，易引起气孔的部

图10-1　中甸刺玫在昆明的生长表现
A. 露地营养生长；B. 大棚营养生长；C. 露地植株开花；D. 露地植株结果

分关闭，进而影响植物的光合作用和蒸腾作用。因此在引种中，应采取一些农业栽培措施，如适当遮阴以避免强光伤害，选择空气湿度较高的地方栽培或与乔木混合种植等，为其创造适宜的生长条件。

中甸刺玫新梢的生长在磷钾肥不变的条件下，对氮肥有一定的需求，适宜的氮肥量对中甸刺玫新梢的生长有利，氮肥不足和过量都会影响新梢生长。在较低氮浓度下，新梢生长的综合评分较低，当氮浓度增加到一定水平时生长的综合评分最高，随后生长综合评分又降低。因此，有必要在苗期中甸刺玫新梢的生长过程中进行合理施肥，保证适宜的氮浓度与磷钾比例。从试验来说，当尿素、亚磷酸二氢钾和硫酸钾三种肥料的质量比约为7∶4∶1时中甸刺玫的新梢生长较良好，植株缺N或NPK比例失衡时，其新梢生长受到较严重的影响。

第 11 章
中甸刺玫的有性及无性扩繁技术研究

　　植物可以通过种子进行有性繁殖或通过根茎叶等营养器官进行无性繁殖。自然界中大部分植物是通过种子进行繁殖，但在许多园艺植物的引种驯化中常采用嫁接或扦插的方法进行无性繁殖。此外，也有用根系扦插来繁殖牡丹和蔷薇等获得种苗的。只有解决了种苗繁殖技术问题，才能顺利开展野生植物的引种驯化工作。

　　由于中甸刺玫的种子繁殖出苗率低、异地播种出苗困难、用枝条扦插难以成活等原因，种苗繁殖成为中甸刺玫引种驯化的关键技术。以采自香格里拉的中甸刺玫芽和茎段为嫁接繁殖的接芽和接穗，试验不同嫁接时间、不同砧木和嫁接方法对中甸刺玫嫁接繁殖的影响；同时，根据中甸刺玫在自然环境中主要通过根蘖进行持续生存和扩繁的特点，探索利用其根系进行根插繁殖的可能性。

　　虽然无性扩繁可以解决中甸刺玫商业化优株繁殖的问题，但一方面受到繁殖材料数量的限制，另一方面其种苗与其母本在遗传背景上完全一致，不利于自然群体的恢复和对物种的保护。通过种子繁殖能最大程度地保存并恢复其自然群体的遗传多样性，有利于对中甸刺玫进行更有效的保护；同时，实生后代种苗由于基因的重组等，可以从中发现更具观赏性等优异性状的个体（优株）从而在生产上进行利用。因此，通过对中甸刺玫自然生境中的三大居群的种子进行饱满度检测和相应的播种出苗试验，初步了解通过实生播种繁殖中甸刺玫的可能性及潜在的问题，为中甸刺玫的推广应用、扩大种群数量从而采取更有效的保护措施奠定基础。

11.1 中甸刺玫的嫁接繁殖

11.1.1 嫁接时间和嫁接方法对中甸刺玫嫁接效果的影响

于2008年8~12月和次年2月分5次从香格里拉采集当年生或者一年生组织充实、芽眼饱满的中甸刺玫枝条为接穗，吸水2~3h后用湿纸和保鲜袋包装，即时运到昆明后进行嫁接。砧木为当年生七姊妹扦插苗，高140~150cm，茎粗0.8~1.2cm，无病虫且生长良好。分别采用贴芽接和枝接两种方法进行嫁接。贴芽接在嫁接前1~2天，对砧木作修剪清理和折枝处理，枝接在嫁接当天将砧木离地留15~17cm剪去上部的枝梢。嫁接后进行常规的水肥和病虫害防治管理，及时除萌，当嫁接苗株高达25~30cm时剪去折下的砧木枝条。随机定株调查萌芽时间、发枝时间、接芽第一次停止生长时间、嫁接成活率、成苗率、第一次新梢停止生长后的长度和粗度等。

（1）**不同时期芽接对中甸刺玫接芽萌发、生长及成活率的影响**

受中甸刺玫生长特性、接芽发育程度、温度和湿度等外界环境影响，不同时期嫁接芽的萌发、生长、停止生长的日期和萌发所需要的时间不同。夏秋季8~9月嫁接，嫁接苗生长到11月~次年1月，受冬季低温和落叶习性的影响便停止生长，开始休眠。10月嫁接，12月发枝后生长缓慢，形成叶丛，枝长仅2~5cm，1月下旬落叶、停止生长，2月中旬又继续生长。冬、春季12月和2月嫁接，嫁接苗生长到夏初5~6月，新梢出现暂停生长现象（表11-1）。

表11-1 中甸刺玫不同时期芽接的萌发及生长日期

嫁接日期	萌芽日期	发枝日期	停止日期	萌芽时间/d	发枝时间/d	生长时间/d	嫁接成活率/%	成苗率/%
2/23	3/18	3/27	6/15	23.56±0.38b	9.00±0.24a	79.44±0.65b	95.33±1.76	94±1.15b
8/3	8/19	8/30	11/24	16.33±0.29a	10.67±0.44a	97.56±0.53d	100±0.00c	96±1.15b
9/25	10/2	11/8	1/18	17.00±0.00a	29.78±0.88b	88.33±0.58c	82±6.11a	80.67±4.81a
10/14	11/16	12/21	1/24	32.44±0.60c	35.22±0.28c	34.33±0.75a	92±1.15b	90±1.15b
12/1	1/8	1/28	5/19	38.44±0.44d	19.56±0.87d	111.22±0.60e	94.67±2.40b	90.33±1.76b
F				596.902	359.143	2104.834	4.706	5.794
P				0.000	0.000	0.000	0.021	0.011

注：数据为平均值±标准差；同列不同字母表示不同嫁接时间的结果在0.05水平差异显著。

从表11-1可知，早春、夏末、仲秋、晚秋和初冬5种不同嫁接时期对嫁接芽的萌发、发枝及生长停止时间的影响较大，不同处理间差异显著（$P<0.05$）。5种不同嫁接时期接芽萌发所需时间为16.33～38.44天，夏末（8月初）嫁接萌芽所需时间最短，初冬（12月初）需要的时间最长。发枝成活所需的时间为9.00～35.22天，发枝最短天数出现在早春（2月底）嫁接试验中、最长天数出现在仲秋（10月中旬）嫁接处理中。接芽生长时间为34.33～111.22天，10月嫁接的接芽生长时间最短，12月的最长。

5种不同时期嫁接处理的嫁接成活率和成苗率的差异显著（$P<0.05$）。5种不同时期嫁接的嫁接成活率为82%～100%，8月嫁接的成活率最高，9月嫁接的成活率最低。嫁接成苗率受嫁接成活率的影响，为80.67%～96%，8月的嫁接成苗率最高，9月的最低。虽然不同月份嫁接对成活和成苗均有一定影响，但历次试验的嫁接成活率和成苗率均较高，表明中甸刺玫与砧木的亲和力强。

（2）不同嫁接方法对中甸刺玫接芽萌发及生长的影响

从表11-2可知，同期嫁接的枝接比芽接的接芽晚萌发并晚停止生长（图11-1A，B）。2月枝接的萌芽、发枝、停止生长日期分别为3月23日、4月6日和6月21日，而芽接的分别为3月19日、3月28日和6月16日。早春、秋季和冬季嫁接时，枝接比芽接萌芽晚4～11天、发枝晚9～28天，停止生长日期也晚5～8天，说明枝接法延迟了嫁接苗的萌发及其生长，在选择嫁接方法时应注意选择适宜的季节。

表11-2 不同时期、不同嫁接方法对中甸刺玫接芽萌发、生长及成活率的影响

嫁接日期	嫁接方法	萌芽日期	发枝日期	停止生长日期	萌芽时间/d	发枝时间/d	生长时间/d	嫁接成活率/%	成苗率/%
2/23	芽接	3/19	3/28	6/16	24.33±0.33a	8.67±0.33a	80.00±1.15d	94.86±0.93b	94.11±0.91b
2/23	枝接	3/23	4/6	6/21	28.33±0.33b	9±0.33a	76.00±1.15c	99.56±0.88a	98.00±0.47a
10/14	芽接	11/16	12/31	6/16	30.68±0.67c	34.47±0.33c	37±0.58b	91.78±0.8c	90.22±1.39c
10/14	枝接	11/25	1/28	6/21	42.00±0.58e	35±0.33c	25.33±0.33a	77.11±2.24d	75.78±2.27d
12/10	芽接	1/8	1/28	5/20	37.33±0.67d	21.33±0.67b	110.33±0.33c	94.67±1.26b	92.00±1.22c
12/10	枝接	1/19	2/8	5/28	48.67±0.88f	21±0.33b	110±0.33e	91.11±1.87b	89.67±1.87c
F					225.680	683.655	2156.225	632.305	76.413
P					0.000	0.000	0.000	0.000	0.000

注：数据为平均值±标准差；同列不同字母表示在不同嫁接时间和嫁接方法组合间在0.05水平差异显著。

图11-1 不同嫁接方法对中甸刺玫植株生长的影响

A. 枝接早期；B. 芽接早期；C. 枝接后期；D. 芽接后期

嫁接时间和嫁接方法的不同组合对萌芽和发枝所需时间、生长时间、嫁接成活率和成苗率都有显著影响（$P<0.05$）。3个不同嫁接时期，枝接与芽接法在接芽萌芽所需时间及生长时间上均有显著差异（$P<0.05$），但发枝所需时间主要受

嫁接时期的影响，同一嫁接时期枝接和芽接发枝所需时间几乎相同。枝接的萌芽时间为28.33~48.67天、芽接的萌芽时间为24.33~37.33天，2月芽接萌芽所需的时间最短，12月的枝接萌芽所需的时间最长。2月芽接和枝接的植株发枝所需时间均很短，只需8~9天；10月枝接和芽接的植株发枝所需的时间都较长，需要34~35天。接芽生长时间为25.33~110.33天，10月枝接接芽的生长时间最短，12月芽接的接芽的生长时间最长（表11-2）。因此，不同嫁接方法在不同时期对接芽的萌发、发枝及生长时间的影响不同，同时期枝接与芽接对嫁接芽的萌发及生长影响也不同。

2月和10月枝接和芽接对嫁接成活率和成苗率有显著影响（$P<0.05$），12月枝接和芽接之间的差异不显著（$P>0.05$）。3种不同时期的嫁接处理中，枝接的嫁接成活率为77.11%~99.56%、芽接的为91.78%~94.86%，2月枝接的成活率最高而10月枝接的成活率最低。嫁接成苗率也受嫁接成活率的影响，枝接的成苗率为75.78%~98.00%、芽接的成苗率为90.22%~94.11%，成苗率最高值出现在2月的枝接处理中，成苗率最低值出现在10月的枝接试验中。

（3）不同嫁接方法对中甸刺玫嫁接苗植株生长的影响

从表11-3可知，嫁接时间对枝接苗的株高和芽接苗的茎粗有显著影响（$P<0.05$），但对枝接苗的茎粗和芽接苗的株高的影响不显著（$P>0.05$）。枝接的株高和芽接的茎粗分别为44.44~50.96cm和0.77~0.89cm，最高值分别出现在12月的枝接和10月的芽接处理中，10月枝接的株高最低，2月芽接的茎最细。芽接植株高74.47~81.09cm，枝接植株茎粗0.54~0.57cm，枝接的株高和茎粗均小于芽接（图11-1C，D）。

表11-3　不同嫁接时间枝接和芽接对嫁接苗植株新梢生长的影响

嫁接时间	枝接		芽接	
	株高/cm	茎粗/cm	株高/cm	茎粗/cm
2月	49.93±2.25b	0.54±0.02	81.09±4.88	0.77±0.04a
10月	44.44±1.98a	0.57±0.03	74.47±4.07	0.89±0.03b
12月	50.96±2.38b	0.55±0.02	76.56±3.55	0.81±0.04b
F	2.520	0.224	0.649	2.322
P	0.004	0.800	0.524	0.002

注：数据为平均值±标准差；同列不同字母表示在不同时间嫁接间在0.05水平差异显著。

11.1.2 砧木、品种及嫁接方法对中甸刺玫嫁接效果的影响

以中甸刺玫品种'格桑红'和'格桑粉'为接穗，分别以七姊妹、狗蔷薇（R. canina）为嫁接砧木。一组试验为土壤栽培砧木，分别采用砧木折枝单芽接、单芽切接和2芽嫁接方法，各嫁接50株；另一组椰糠盆栽培（以椰糠为基质、花盆为栽培容器）狗蔷薇为砧木，分别采用砧木折枝单芽接和单芽切接，各嫁接50株。调查愈伤组织形成和接芽萌发时间、生长时间以及成活率等指标。

（1）不同砧木对中甸刺玫嫁接成活时间的影响

土壤栽培模式下，砧木种类对中甸刺玫的嫁接苗开始萌芽和生长的时间有较大影响（表11-4）。七姊妹作砧木时，'格桑红'从嫁接到接穗成活生长需要41～45天，'格桑粉'需要45～50天；折枝嫁接法比切接法提早4～5天成活。狗蔷薇作砧木时，'格桑红'从嫁接到接穗成活生长分别需要54～60天，'格桑粉'需要58～65天；折枝嫁接法比切接法提早6～7天成活。椰糠盆栽培狗蔷薇砧木时，折枝嫁接后'格桑红'到成活生长需要50天，切接则需要60天，嫁接后的嫁接口"伤液"会长期滞留，影响了愈伤组织形成和芽的萌发生长，从而影响嫁接成活率。

表11-4 不同砧木对不同中甸刺玫品种嫁接时间的影响

砧木	品种	栽培及嫁接法	愈伤组织形成时间/d	萌发时间/d	生长时间/d	成活率/%	
						成活率	平均
七姊妹	格桑红	土壤栽培折枝单芽嫁接	16	26	41	94.3	93.6
		土壤栽培折枝2芽嫁接	16	26	41	92.8	
		土壤栽培单芽切接	24	30	45	76.6	74.7
		土壤栽培2芽切接	24	30	45	72.7	
	格桑粉	土壤栽培折枝嫁接	20	30	45	83.7	82.5
		土壤栽培折枝2芽嫁接	20	30	45	81.2	
		土壤栽培单芽切接	26	35	50	72.8	71.9
		土壤栽培2芽切接	26	35	50	70.9	
狗蔷薇	格桑红	土壤栽培折枝嫁接	20	30	54	62.2	58.8
		土壤栽培折枝2芽嫁接	20	30	54	55.4	
		土壤栽培单芽切接	28	35	60	55.1	52.9
		土壤栽培2芽切接	28	35	60	50.7	
	格桑粉	土壤栽培折枝嫁接	24	34	58	52.9	52.5
		土壤栽培折枝2芽嫁接	24	34	58	52.1	
		土壤栽培单芽切接	28	35	65	44.1	43.6
		土壤栽培2芽切接	28	35	65	43.0	

续表

砧木	品种	栽培及嫁接法	愈伤组织形成时间/d	萌发时间/d	生长时间/d	成活率/%	平均
狗蔷薇	格桑红	椰糠盆栽培折枝嫁接	33	40	50	1.6	1.1
	格桑粉	椰糠盆栽培折枝嫁接	33	40	50	0.5	
	格桑红	椰糠盆栽培切接	35	45	60	0.4	0.9
	格桑粉	椰糠盆栽培切接	35	45	60	1.3	

（2）不同砧木对中甸刺玫嫁接成活率的影响

土壤栽培时，砧木种类对中甸刺玫的嫁接成活率有较大影响。七姊妹作砧木时（图11-2），'格桑红'的成活率为72.7%～94.3%，'格桑粉'的成活率为70.9%～83.7%；其中，折枝嫁接法比切接法成活率平均分别提高18.9%和10.6%。狗蔷薇作砧木时，'格桑红'的成活率为50.7%～62.2%，'格桑粉'的成活率仅为43.0%～52.9%；其中，折枝嫁接法比切接法成活率分别提高5.9%和8.9%。椰糠盆栽培狗蔷薇作砧木时，因嫁接口"伤液"长期滞留，影响嫁接成活，折枝法的平均成活率仅为1.1%，而切接法更低，不到1%（表11-4，图11-3）。

图11-2　土壤栽培七姊妹嫁接中甸刺玫

图11-3　椰糠盆栽培狗蔷薇砧木嫁接中甸刺玫

(3) 嫁接方法对中甸刺玫嫁接成活率的影响

从表11-4可知，嫁接方法对中甸刺玫的成苗时间和成活率均有一定的影响。砧木折枝单芽嫁接与折枝2芽嫁接在成活时间上基本没有差别，但单芽嫁接的成活率稍高于2芽嫁接；折枝单芽嫁接法与土壤栽培2芽切接相比成活及生长所需时间可缩短4~8天，且成活率也可提高9.9%~21.6%。

11.1.3　中甸刺玫的砧木折枝单芽嫁接技术

在对中甸刺玫进行多年嫁接繁殖试验的基础上，总结出了中甸刺玫的砧木折枝单芽嫁接技术。

(1) 砧木选择及栽培管理

选择与中甸刺玫嫁接亲和性较强的七姊妹作砧木。在大棚内栽培茎粗0.8~1.2cm、茎长15~17cm的砧木，每畦定植4行，株行距15cm×20cm，定植时植株两行分别靠畦边定植,并且植株与畦成45°~50°斜角定植。七姊妹砧木喜欢大水、大肥,定植前在土壤中每亩施有机肥500~800kg,定植后保持10~15天浇一次水,浇水量以土壤浇透为准。每隔30~40天用NPK为15∶15∶15的复合肥溶水后浇施,每亩施肥量25~30kg;此外,每20~30天用1.8%阿维菌素1200~1500倍液防治红蜘蛛和蚜虫。

（2）砧木折枝处理

当砧木上的新梢生长长度达45~55cm时,清除基部30~40cm的叶片及萌芽,并沿畦两边将新梢的枝折到畦沟内作营养枝,嫁接前10~20天新梢保留60~70cm长剪切,继续保留砧木上的部分枝叶为营养枝,为砧木生长、嫁接口愈合、嫁接芽萌发及其生长提供营养及动力。

（3）接穗和嫁接时期选择

中甸刺玫原产滇西北香格里拉高海拔地区,每年新梢3~5月萌发生长一次,到8月新梢上的叶芽发育成熟至次年萌发,新梢枝条及其芽的发育差异较大。在选定的中甸刺玫优良植株上,以树冠上部外围生长健壮、无病虫害、芽眼充实的一年生枝条作为接穗;嫁接时期选择2~3月或8~9月为宜。

（4）嫁接

采用芽接和单芽腹接。芽接在折枝砧木的上方选择光滑面作嫁接口,接口削成长2.5~3.5cm,宽0.5~0.8cm,从接穗上稍带木质部削取3~3.5cm的单芽片,清除木质部,并将芽片上的宽大皮刺削平,芽片的形成层与砧木接口上的形成层尽量对齐,用嫁接专用膜绑缚;单芽腹接在折枝留叶砧木的上方选择光滑面斜切一刀,切口长4~5cm,选择接穗稍比砧木细的枝条,将下部削成楔形、长3.5~4.5cm的接穗插入,使两者间的形成层对齐,用嫁接专用膜绑缚,若接穗上有皮刺,将其一并缚紧。

（5）嫁接后管理

1）温度控制:低温和高温均会抑制中甸刺玫叶芽的萌发生长。中甸刺玫叶芽在月平均温度达9℃以上时萌发生长,大棚内的月平均温度达25℃以上（或日温度达32℃以上）时停止生长。在昆明和香格里拉分别于2月中旬和5月初萌发生长。在昆明大棚内2～3月或8～10月嫁接繁殖，将白天温度控制在18～28℃，可以促进芽萌发和新枝生长。

2）湿度控制：空气相对湿度低会影响中甸刺玫的嫁接成活率，空气相对湿度低于45%易造成接穗失水死亡。特别是在昆明2～4月干旱季节露地空气相对湿度仅25%～45%，此时需要适当增加大棚内的相对湿度。将相对湿度控制在60%～75%，有利于芽的萌发生长。在此阶段，应多次少量浇水，保持土壤湿润。

3）光照：七姊妹砧木和中甸刺玫均喜欢光照，但昆明3～4月晴天多、阳光充足，多高温，需要适当遮光降温。将光照强度控制在50 000～60 000lx，可满足嫁接苗的生长需求。

4）砧木除萌芽和剪砧：嫁接后及时清除砧木上萌发的新芽；当嫁接苗长到40～50cm高时剪去砧木上的营养枝。

5）病虫害防治：以预防为主进行中甸刺玫的病虫害防控。主要病害是白粉病，发病初期用70%甲基托布津可湿性粉剂1000～1200倍液对植株进行喷洒防治，每10～15天一次，连续2～3次防治；主要虫害是红蜘蛛和蚜虫，危害初期用1.8%阿维菌素1200～1500倍液防治，每7～10天一次，连续2～3次防治。

（6）嫁接苗出圃

合格的中甸刺玫嫁接苗必须生长健壮，茎秆粗壮，嫁接处愈合良好，根系完好，不带病虫，当苗高生长至35cm以上时，即可出圃（图11-4）。

（7）嫁接苗包装和运输

嫁接苗育成后，应及时包装运输。运输嫁接苗的容器有纸箱、木箱、木条箱、塑料箱等，应依据运输距离选用不同包装容器。包装容器应有一定的强度，能够承受一定的压力和长途运输中的颠簸。远距离运输时，每箱装苗不宜太满，装车时既要充分利用运输空间，又要留有一定的空隙，防止嫁接苗呼吸热伤害。在装箱过程中应注意不要破坏嫁接苗根系，以免影响其定植后的缓苗生长。

图11-4 中甸刺玫嫁接苗

11.2 中甸刺玫的根扦插繁殖试验

分别于夏季（8月初）和春季（2月末）从香格里拉采集直径0.3～0.5cm、长8～10cm的中甸刺玫根系，保湿保鲜快速运到昆明进行根插试验。夏季用'根太阳'作为生根剂，三种浓度的生根剂溶液每升分别含5ml、3.3ml和2ml的'根太阳'，用配制好的'根太阳'生根剂溶液浸泡根系基部5h，扦插浇水后用塑料薄膜覆盖保湿。春季扦插时以吲哚丁酸（IBA）作为生根剂，分别配制5000ppm IBA（1ppm＝1×10^{-6}）＋10%甲基托布津、3000ppm IBA＋10%甲基托布津和1000ppm IBA＋10%甲基托布津三种生根剂溶液，将根系蘸生根剂溶液后立即扦插。调查插穗的萌芽日期、愈伤组织形成日期、生根日期、扦插成活率（%）、成苗率（%），冬季休眠时测量扦插苗的株高等指标。

11.2.1 中甸刺玫夏季根插的种苗生长及成活情况

中甸刺玫夏季（8月3日）根系扦插后，对照处理中根系发新根的时间为8月24日，愈伤组织形成时间为8月27日；几种"根太阳"生根剂处理的生根日期均为8月19日，愈伤组织形成时间均为8月27日；说明中甸刺玫夏季根插繁殖时生根的时间要早于愈伤组织形成时间，"根太阳"生根剂处理后生根需16天，比对照提早5天。从插根的皮孔中发出新根所需的时间较短，从愈伤组织重新分化形成新根所需的时间较长。根插后从根系上发芽所需的时间为31～33天，生根剂处理的发芽时间比对照提早6～8天。

"根太阳"处理对扦插成活率和根插苗株高的影响均没有达到显著水平（$P>0.05$）（表11-5）。中甸刺玫根系扦插的成活率为3.92%～15.68%，株高生长为22.00～23.33cm。5ml/L处理的成活率最高，对照的成活率最低。随生根剂浓度增加，扦插成活率有所提高，但根插苗株高生长的变化没有规律性。可见，中甸刺玫夏季根插时生根快、萌芽慢，扦插成活率和成苗率较低，"根太阳"对扦插生根的促进作用不大。

表 11-5 夏季"根太阳"处理对根系扦插苗的影响

处理	成活率/%	成苗率/%	株高/cm
"根太阳" 2ml/L	9.80±5.19	9.78±5.18	22.00±2.52
"根太阳" 3.3ml/L	11.76±8.99	7.84±7.84	23.33±7.77
"根太阳" 5ml/L	15.68±7.07	9.80±1.96	23.00±2.65
CK	3.92±1.96	3.92±1.96	22.67±2.52
F	0.595	0.319	0.52
P	0.636	0.812	0.68

注：数据为平均值±标准差。

11.2.2 中甸刺玫春季根扦插的种苗生长及成活情况

春季（2月25日）扦插的中甸刺玫插根，愈伤组织形成时间比生根时间早，不同处理和对照的愈伤组织在3月24日均已形成，吲哚丁酸作生根剂处理的材料在4月2日开始生根，对照的则在4月6日开始生根，即生根剂处理的材料生根需36天，比对照提早4天。吲哚丁酸处理后的根系扦插后在5月7日开始发芽，即根系扦插后70~72天开始发芽生长；对照处理的则在5月15日才开始发芽。从插根的皮孔中发出的新生根系数量较多、萌发时间较早；而从愈伤组织分化形成的根系较少、所需的时间较长。

从表11-6可知，春季吲哚丁酸处理对根插成活率和所形成的植株的株高生长没有显著影响（$P>0.05$），但对成苗率有显著影响（$P<0.05$）。根插成活率为60.00%~69.33%，5000ppm IBA+10%甲基托布津处理的成活率最高，对照的最低；所形成的植株株高为25.33~31.67cm，没有明显的规律性。因此，中甸刺玫春季根插的生根时间和发芽时间较长，根插成活率和成苗率较高，吲哚丁酸对根插成活率和所成植株的株高生长影响较小。

表 11-6 春季吲哚丁酸处理对中甸刺玫根系扦插成苗的影响

处理	根插成活率/%	成苗率/%	株高/cm
CK	60.00±2.89	46.67±1.67a	31.67±2.03
5000ppm IBA+10%甲基托布津	69.33±0.67	56.67±1.67b	25.33±6.43
3000ppm IBA+10%甲基托布津	67.67±1.45	58.33±1.67b	28.00±2.31
1000ppm IBA+10%甲基托布津	65.00±2.89	60.00±2.89c	30.00±2.51
F	3.461	8.611	0.52
P	0.071	0.007	0.68

注：数据为平均值±标准差；同列不同字母表示在不同处理间在0.05水平差异显著。

11.3　中甸刺玫的种子萌发试验

中甸刺玫的"种子"实际是被坚硬的果皮包被的瘦果（图11-5A），着生于蔷薇果（由花托发育而来，图11-5B）内。中甸刺玫的果实（蔷薇果）果肉厚最多可达1cm，成熟后表面有坚硬的刺（图11-5B）。可能受蔷薇果果肉、瘦果木质化的外果皮、种皮等机械或化学抑制以及胚自身活力等的影响，不经任何处理的中甸刺玫种子基本不萌发，自然环境下也难见到种子苗。对中甸刺玫进行常规的低温湿沙层积、赤霉素处理等，萌发率都没有显著提高。嫁接和扦插等无性繁殖一方面受到繁殖材料数量的限制，另一方面由于无性繁殖的种苗与其母本在遗传背景上完全一致，不利于自然种群的恢复和对物种的有效保护，因此有必要研究中甸刺玫的实生种苗播种繁殖技术。

图11-5　中甸刺玫的种子和果实

A.瘦果；B.蔷薇果

11.3.1　中甸刺玫不同居群种子饱满度

用2015年10月中旬采集于香格里拉市小中甸镇和平村、乃司村和联合村三个中甸刺玫居群的成熟果实，经破碎和清洗后得到成熟瘦果。各居群随机取300粒，用剪刀破碎后观察种子胚发育情况，进行饱满度检测。饱满种子的胚发育好，充满种皮内腔，不饱满种子的胚发育较差，未充满种皮内腔，而空种子的胚未发育或完全空腔。

由表11-7可知，中甸刺玫的种子中仅61.03%为饱满种子，空种子率高达23.97%，不同居群的种子饱满程度不同。其中，和平村的种子发育情况总体较好，饱满种子的比例为69.27%，不饱满种子的比例为20.64%，10.10%的种子为空种子；联合村的种子发育情况最差，仅54.29%的种子发育饱满，35.48%的种子为空种子。三个居群的种子成熟饱满度不同与它们的群体相对集中分布及植株间的传粉有关。调查发现和平村居群植株相对集中，植株间相距较近，植株间通过昆虫相互传粉容易，每年开花、结实较多，饱满种子所占比例较高；联合村居群植株较分散，多为独株，植株间相距较远，植株间通过昆虫相互传粉较难，每年开花多、结实很少，饱满种子所占比例较低；乃司村居群植株较集中，略分散，少独株，植株间相距稍远，植株间主要依靠昆虫相互传粉，每年开花、结实及饱满种子所占比例居和平村居群和联合村居群之间。因此，应尽可能采收和平村、乃司村两个居群的种子用于实生种苗繁殖。

表11-7　中甸刺玫各居群的种子饱满度情况

居群	种子量/粒	饱满种子/%	不饱满种子/%	空种子率/%
和平村	300	69.27	20.64	10.10
乃司村	300	59.54	14.12	26.34
联合村	300	54.29	10.23	35.48
平均	—	61.03	15.00	23.97

11.3.2　中甸刺玫不同居群的种子播种出苗情况

在种子成熟时分别采集和平村、乃司村、联合村三个居群各300粒种子用于播种试验。在昆明将种子低温（2～3℃）湿沙冷藏处理后，于次年春季播种到育苗盘中进行出苗试验，调查出苗时间并统计出苗率。播种的基质为腐殖土与山沙各50%并混匀。

从表11-8可知，中甸刺玫的种子经低温冷藏并于次年4月23日播种后，6月16日开始出苗，到9月26日结束，当年三个居群出苗率仅为18.13%～24.50%，平均仅20.95%，大量种子未发芽；播种第二年4月中旬又陆续开始出苗，至8月30日出苗率达到54.25%～68.24%，平均出苗率为61.61%；播种第三年3月下旬开始出苗，到6月20日仍有极少量种子萌发出苗，总出苗率达到58.46%～76.82%，平均出苗率为68.17%。居群之间比较发现，每年和平村的出苗率均比其他两个居群高，播种当年的出苗率为24.50%，播种第二年的出苗率可达68.24%,第三年可达76.82%。3年后仍未萌发的种子从外观形态来说大部分仍完好,剖开后多为胚发育不良或无胚,由于霉烂而不发芽的种子极少。

表11-8 中甸刺玫各居群种子萌发出苗情况

居群	种子量/粒	2014年出苗率/%	2015年出苗率/%	2016年出苗率/%
和平村	300	24.50	68.24	76.82
乃司村	300	20.22	62.33	69.24
联合村	300	18.13	54.25	58.46
平均	300	20.95	61.61	68.17

11.3.3 促进中甸刺玫实生种子的萌发

由前述可知,中甸刺玫的种子经常规低温湿沙层积处理,播种后等待3年的发芽率可以达到68.17%,但持续时间太长,第一年的萌发率不足25%,对于中甸刺玫种苗生产和推广应用来说是非常不利的。需要通过研究探明中甸刺玫种子萌发困难的原因,并通过相应的技术手段来促进其种子萌发,提高种子在播种当年较短时间内的萌发率。

同样在10月采集中甸刺玫果实,筛选饱满的种子于室温(20~25℃)下放置10天,再用800倍多菌灵溶液浸泡消毒处理20~40min。种子处理的方法见表11-9。基质(珍珠岩、泥炭或苔藓)与种子的比例为5:1,将基质与种子充分混匀后置于容器内,表面覆盖卷纸保湿。用相应的溶液浸泡基质,对照用纯净水浸润基质。将种子置于4℃冰箱层积6个月,定期添加相应的溶液避免干水。次年5月将经层积处理的种子播种于基质(腐殖土:红土:珍珠岩体积比=3:2:1)中,播种后用遮阳网遮阴,并保持基质湿润。定期统计出苗数。种子开始萌发后注意防治白粉病,待种子出苗至高为7cm时进行移栽。

表11-9 中甸刺玫种子萌发试验

编号	处理方法	播种后3个月内的萌发率/%	播种后6个月内的萌发率/%
1	纯净水(对照)	1.6±1.1	6.7±1.8
2	番茄汁	8.3±0.4	11.6±0.8
3	珍珠岩+纯净水	11.6±0.4	23.3±0.7
4	10mmol/L 硝酸钙溶液+珍珠岩	16.7±0.5	31.7±0.8
5	10mmol/L 硝酸钾溶液+珍珠岩	10.0±0.5	20.0±0.6
6	泥炭+纯净水	11.6±1.1	16.7±0.9
7	苔藓+纯净水	5.0±0.7	16.7±0.6

根据表11-9，中甸刺玫种子不用任何基质仅进行低温浸水处理时萌发不整齐，萌发缓慢，萌发率极低。其他6种处理都能在一定程度上促进中甸刺玫的种子萌发，其中用10mmol/L硝酸钙溶液＋珍珠岩处理的效果最好（图11-6），播种后6个月内种子萌发率可达31.7%，使中甸刺玫的种子萌发率提高到低温无基质湿藏处理的约4.7倍，比只用珍珠岩湿藏处理的萌发率提高了36.1%，比用泥炭或苔藓湿藏的萌发率提高了89.8%，比10mmol/L硝酸钾溶液＋珍珠岩处理的萌发率提高了58.5%。

图11-6　中甸刺玫的种子经10mmol/L硝酸钙溶液＋珍珠岩处理后的播种成苗情况

硝酸钙是多种植物种子萌发的引发剂。根据蔷薇属植物的种子生理休眠的特性，用10mmol/L硝酸钙溶液＋珍珠岩对中甸刺玫的种子进行促进萌发的处理，可使中甸刺玫在播种当年的种子萌发率提高到31.7%，比仅用纯净水处理的萌发率提高了近5倍。其主要特点是在低温冷藏打破休眠的基础上，同时采用硝酸钙溶液代替水浸润层积基质，因为钙（Ca^{2+}）是膜保护剂，种子萌发过程中起重要作用的一些靶酶活性和过程都受Ca^{2+}的调节，通过硝酸钙的引发渗透来促进中甸刺玫的种子萌发。其次是采用珍珠岩为基质进行低温冷藏，一方面可以保持均匀的水分环境，避免苔藓和泥炭等基质因透水性弱产生的水分过多，也避免湿沙水分散失过快，另一方面珍珠岩具有大孔性和吸附性，可以随时吸附掉中甸刺玫瘦果、种皮以及胚自身所产生的各种抑制物质。此外，由于珍珠岩生产过程中本身是经过高温消毒过的，不会附带有害微生物。

11.4 中甸刺玫种子繁殖及生产技术

（1）种子采收及处理

中甸刺玫果实及种子成熟期为10～11月，果实采收后用锤砸烂果实或使果实腐烂取出种子，经过清洗、清水漂种，去除空种子和杂质、晾晒10～15天即可低温保湿冷藏处理或在香格里拉直接播种。

（2）低温保湿冷藏

将种子与湿珍珠岩或湿粗沙等湿藏基质按1∶10的（体积）比例拌均匀，装到垫有保湿透气塑料袋的纸箱或塑料筐里，放置到2℃以下的冷库保存2～3个月，保存期间定期检查，翻动种子与湿藏基质，第1次翻动在保存后25～30天进行，以后每15天翻动一次，保持种子与基质湿润。有条件时可用10mmol/L硝酸钙溶液作为浸润液。

在香格里拉可直接在育苗箱内播种，用湿润的泥炭作播种基质，播种后将育苗箱摆放到荫棚内或塑料大棚内，利用冬季自然气温较低（夜温−4～−5℃）的条件进行低温冷藏处理。播种后浇水保持基质湿润，并覆盖薄膜或松毛等材料，防止表层基质变干或板结影响出苗。

（3）播种

中甸刺玫种子具有种皮坚硬、休眠时间长、播种出苗周期长达1～3年、出苗不整齐的特点。因此，其播种育苗与其他蔷薇属植物有所不同。

1）播种时间：种子需要较长的低温冷藏处理时间，播种时间在每年3～4月。

2）设施条件：大棚或荫棚、育苗箱或育苗盘等。

3）育苗基质：育苗基质要求长期保持疏松、透气、保水。可以选择泥炭与珍珠岩或腐殖土与粗沙的混合物作为育苗基质，基质厚度18～20cm。

4）播种量：80～100g/m^2，约1000粒种子，按40%～50%的出苗率，可出苗400～500株/m^2。

5）播种：播种前1～2天，在育苗箱内将细泥炭与珍珠岩或腐殖土与粗沙拌均匀，基质表面做平整，浇透水；播种后种子上面覆盖2～3cm湿润基质，随后保持基质湿润和表面疏松。

（4）小苗期管理

1）出苗时间和出苗量：播种后经过30～40天（4月中旬～6月中旬），开始出幼苗，第一批出苗率为18%～20%；第二批出苗时间9～11月，出苗率累计达20%～25%；第三批出苗时间为次年4月初～11月，出苗率累计达50%～60%；第四批出苗时间为第3年3月中旬～6月中旬，出苗率累计达55%～75%，不出苗的种子多为空胚种子或霉烂种子。

2）光照及水分管理：中甸刺玫小苗喜光，在昆明有5～6片叶时不需要强光照，仅需要50%的自然光照，当小苗有8～10片叶时，逐渐增加光照；当小苗有15～20片叶时，可适应自然全光照。小苗生长期需水量较少，浇水采用小水勤浇，保持基质湿润（图11-7）。

图11-7　中甸刺玫实生种子播种后出苗

3）分批移植或（间）苗：小苗高达15~20cm时，分批上袋（盆）移植或间除，为后面的种子出苗留下空间，以方便小苗和未出苗种子的分别管理。取苗时根部尽量带基质土球移植，确保移植栽培成功。

（5）病虫害防治

1）病害防治：主要病害为白粉病和猝倒病。在昆明培育的小苗白粉病较重，整个生长季节（3~10月）均受白粉病危害；而香格里拉的小苗白粉病较轻，白粉病危害期在7~8月。可用40%福星乳油2500~3000倍液、50%甲基托布津1000~1200倍液、25%嘧菌酯1000~1500倍液、10%粉锈宁1000倍液等杀菌剂防治白粉病。猝倒病主要是基质中水分过多、基质或灌溉水中带病菌，诱发病害。控制浇水和移出过密的小苗，可定期浇灌50%甲基托布津1000~1200倍液等杀菌剂进行防治。生产上一般采用甲基托布津与福星、粉锈宁（抑制植株生长，减少使用次数）轮换使用来防治白粉病和猝倒病。

2）虫害防治：虫害主要是蚜虫和鳞翅目幼虫。在香格里拉仅有少量的蚜虫危害，在发生初期采用3%啶虫脒、3%吡虫啉1200~1500倍液、25%抗蚜威1000~1200倍液，15~20天几种农药轮换防治1~2次。

（6）容器苗管理

容器苗具有远距离运输管理方便、移植和定植成活率高的特点，是现代高效育苗的重要环节。中甸刺玫小苗分批上袋（盆），培育袋（盆）装容器壮苗尤其重要。

1）容器及栽培基质选择：目前市场上的容器有不同规格大小的无纺布袋、黑色塑料钵和塑料盆等，可根据苗木大小选择适宜大小的容器进行栽培。栽培基质选择富含有机质的土壤或增施有机肥的土壤。

2）上袋（盆）：当苗高达15~20cm时，用12~15cm的容器上袋（盆）进行后期栽培管理（图11-8），培育1~2年后再换成18~20cm的容器进行后续栽培管理（图11-9），3年以上的苗木可以下地种植。

3）栽培管理：容器苗需要勤浇水，生长期追施NPK复合肥1~2次，每次1~3g/盆；定植前留120~150cm剪切定干。

4）病虫害防治：此阶段苗木生长健壮，病虫害主要是白粉病、蚜虫和鳞翅目幼虫，生长期防治方法同上。冬季落叶休眠期用石硫合剂2~3°Bé防治一次病虫害。

图11-8　中甸刺玫种子苗换盆

图11-9　中甸刺玫的容器大苗

11.5 小　　结

中甸刺玫与七姊妹的嫁接亲和力强，嫁接成活率为77.11%～99.56%，成苗率为75.78%～98.00%。枝接法在2月的成活率最高；芽接法在12月和2月的成活率和成苗率较高。嫁接成苗率降低的主要原因是嫁接的芽片木质部太厚，嫁接后愈伤组织形成不好，与砧木结合不牢固，当接芽新枝长到30～50cm时从嫁接口处脱离（又称"跳芽"）而死。其次是嫁接后水肥和病害管理不善引起植株死亡。

七姊妹作砧木时，折枝嫁接法比切接法的嫁接成活率提高10.6%～18.9%。狗蔷薇作砧木时，嫁接成活率在43.00%～62.2%；'格桑红'和'格桑粉'折枝嫁接法比切接法平均嫁接成活率分别提高5.9%和8.9%。砧木折枝单芽嫁接与折枝2芽嫁接相比较，单芽嫁接成活率稍高于2芽嫁接；单芽嫁接法与常规的不折枝2芽嫁接相比成活生长时间可缩短4～7天，成活率可提高10%～21.6%。因此，七姊妹作砧木并用折枝单芽嫁接是中甸刺玫最适宜的嫁接繁殖方法。

用根系进行扦插繁殖时，2月比8月的成活率高。2月扦插虽然根系处在休眠期，根扦插后插条萌发新根较慢，叶芽分化和萌发所需的时间也较长，但低温不会造成插根腐烂死亡，插根可较长时间为叶芽提供营养，供其分化和萌发，因此成活率较高。吲哚丁酸处理可提高根系扦插的成苗率，但对芽分化和萌发没有显著影响。

采用常规的低温沙藏处理中甸刺玫的种子可以提高萌发率，但来源不同的种子出苗率差异较大且出苗非常不整齐，播种第1年的萌发率不足25%，前后延续3年的萌发率还不足70%，需要深入研究阻碍其种子萌发的机制，攻克提高种子的发芽势和发芽率的技术难题。

第12章
中甸刺玫的园林绿化栽培技术及应用实例

我国青藏高原及横断山高海拔地区的城镇，多为高寒干旱或半干旱气候，寒冷干燥少雨，冬春季长而寒冷，夏秋季短而凉爽。由于自然因素的制约，这些城镇的生态环境十分脆弱，绿化基础差，园林绿化建设相对滞后且缺乏特色，绿化树种单一，常绿的针叶树的比例明显偏高，观花类植物较少或因环境不适而景观效果不佳，缺乏高原城市的景观特色（刘智能等，2016；程新平和祝建刚，2016；沈艺，2018）。城市绿化是生态安全的重要组成部分，随着园林绿化建设的飞速发展，有必要筛选一些适应性强且具较高观赏价值的具有潜在推广应用前景的高原特色观赏植物，在通过技术研发攻克其种苗规模化和商业化生产难题的基础上，研究其向不同自然环境的城市引种栽培的关键生理生态限制因子，总结出标准化栽培技术，通过应用实例，促进其在园林园艺特别是在高海拔地区绿化美化和园林景观上的应用。

中甸刺玫突出的耐寒性、丰富的花型花色、巨大的花量和直立树状的株型使其成为一种非常独特的园林观赏植物和著名的高山花卉。在基本掌握了中甸刺玫的种苗扩繁和引种栽培关键影响因子的基础上，总结其在园林绿化应用上的标准化栽培技术，并通过展示若干造景应用实例，为促进其在我国广袤的中高海拔地区城镇的绿化美化中的应用奠定基础。

12.1 中甸刺玫的园林绿化栽培技术

12.1.1 种苗选择

中甸刺玫种子苗前1~2年生长缓慢、植株细小，植株高仅40~60cm；4~5

年生的种子苗株高120～150cm，定植栽培成活率较高，但大多数才刚进入开花期。嫁接苗的生长势一般较强，苗粗壮，1～2年生嫁接苗株高可达100～150cm，嫁接后当年或次年即可正常开花。在城市绿化美化和园林造景应用上最好选择已进入花期的较大的种子苗或选择嫁接伤口愈合好、无病虫害的嫁接苗。

12.1.2　间作栽培与定植塘规格

中甸刺玫小苗特别是种子苗需要定植7～8年才能有较好的观赏效果，栽培养护的时间较长。在正式造景应用前在苗圃中可与其他苗木或其他经济作物间作（图12-1，图12-2），若是园林上使用小苗可与其他短期即有观赏效果的观花类植

图12-1　中甸刺玫小苗与食用玫瑰间种（云南格桑花卉公司）

A. 间种初期；B. 间种后期食用玫瑰大量开花

图12-2 中甸刺玫小苗与车厘子间种（云南格桑花卉公司）

A. 间种初期；B. 间种后期中甸刺玫大量开花

物搭配。种植的株行距与主要的经济作物或其他配景园艺植物相同或间隔多行种植，可按1.5m×2m的株行距进行定植，互不影响，达到以短养长的目的，节省8～10年生景观工程大苗的培养成本。苗圃中或者工程中使用较小的种子苗和嫁接苗时，定植塘为20cm×20cm×30cm，每株施0.5～1kg有机肥或农家肥作为底肥。工程大苗的定植塘规格80cm×80cm×60cm，每株施4kg油枯或农家肥作为底肥；若需成行种植造景，可采用5m×8m株行距。

12.1.3　定植

中甸刺玫最好在冬季落叶休眠期进行定植。定植后及时浇定根水，并保持土壤湿润。大植株移栽前先要进行修剪，仅保留主干和主枝，并用保鲜膜包裹。定植后注意浇水和使用固定架，防止植株倒伏。

12.1.4　浇水施肥

中甸刺玫的日常管理可以比较粗放，但为确保成活，定植当年需要每10～20天定期浇一次水。移植成活后，每年春季萌芽前浇1～2次水，冬季落叶后清园时每株根部需施1～5kg农家肥。

12.1.5　修剪

每年冬季落叶后剪除病虫枝、枯死枝和细弱枝，并根据植株生长情况和培养目标进行修剪。如果要培育具有高大主干的株型，可以采取每年将基部150～200cm以下发出的枝条全部剪除的方法。

12.1.6　病虫害防治

每年冬季修剪后，用2～3°Bé的石硫合剂喷洒中甸刺玫植株以防治越冬病虫害。春季或秋季用25%嘧菌酯1000～1500倍液、10%粉锈宁1000倍液等杀菌剂防治白粉病。

12.2　中甸刺玫应用示范

中甸刺玫的应用示范见图12-3～图12-9。

图12-3　中甸刺玫在景观中行植

图12-4　中甸刺玫在城市园林造景中孤植

图12-5　中甸刺玫在庭园小景中应用

图 12-6　中甸刺玫与滇牡丹搭配在园林中应用

图 12-7　中甸刺玫在庭园中的应用效果

图12-8　中甸刺玫与其他木本植物搭配作行道树

图12-9　中甸刺玫在香格里拉农户庭园中的应用

第13章 中甸刺玫的研究展望及开发利用前景

13.1 中甸刺玫的基因组及其多倍体起源和形成过程

植物基因组的一个主要特征是存在多倍体,所有的被子植物都曾受到全基因组复制的影响,其中大多数还反复受到影响(Jiao et al., 2011)。多倍化影响植物的分化和物种形成,被认为是植物进化的重要动力(Otto and Whitton, 2000; Madlung, 2013)。前期研究明确了中甸刺玫是异源十倍体且种内存在丰富的染色体数量变异和结构重排,也初步确定了其可能的亲本物种,但目前其十倍体的形成过程尚不明确,需要采用更精细的分子生物学手段和分子细胞遗传学手段,明确其多倍体的起源和形成过程。更精细的分子细胞遗传学手段包括采用分辨率更高的染色体制备方法、特异性更高的染色体荧光原位杂交探针,不仅要对有丝分裂的细胞,还要对减数分裂时的染色体开展FISH和GISH,更精准地确认其原始亲本物种,研判多倍化的过程及多倍化过程中在群体内发生的染色体数量变化和结构重排。在分子生物学方面,植物多倍体的研究已进入了基因组学时代,植物多倍化研究也转移至基因组结构进化及其对物种分化与表型性状形成的作用机制领域(李霖锋和刘宝,2019)。利用日新月异的测序和组装技术来进行单倍型的组装,将其分成不同的原始亚基因组,从而获得高质量的基因组。中甸刺玫的全基因组测序工作已经正式启动,但就目前的技术水平来说,仍具有极大的挑战性。根据基因组Survey分析和初步组装结果,虽然十倍体中甸刺玫的基因组只有3.9Gb左右,但由于其原始亲本基因组之间的同源性较高,要获得高质量的组装结果，特别是要准确地分到原始亚基因组是非常困难的。蔷薇属特别是蔷薇属桂味组包含了一系列染色体数量为2×、4×、6×、8×的物种，包括10×的中甸刺玫及其种内所发现的9×和非整倍体，它们多分布在高纬度的环北极地区以及东亚的中国西部高海拔地区，研究中甸刺玫的十倍体起源和形成过程，将为研究蔷薇属植物的系统发育和物种形成奠定理论基础并提供典型例证。

13.2　中甸刺玫表型变异的细胞和分子基础研究

理解多倍性如何修饰表型性状是进化生物学的一个研究热点和主要目标（Balao et al.，2011）。大量研究表明，自然形成或人工诱导的多倍体植物都会产生遗传和/或表观遗传的改变。染色体数量变化本身即是表型不稳定性的来源之一（Osborn et al.，2003；Chen，2007）。除染色体数量改变外，新形成的多倍体中基因组重排的比例也增加（Moghe and Shiu，2014），常导致染色体结构变化，如物理位点丢失和染色体间易位等。异源多倍体的形成过程常伴随着大量基因表达模式的改变，如基因沉默、加性表达、超亲表达、基因剂量平衡等（张大为等，2018），需要通过改变染色质结构和表观遗传如大尺度的DNA缺失和胞嘧啶甲基化，使同一细胞内的不同亲本基因组达到遗传稳定性并建立正确的基因转录水平和时间（Osborn et al.，2003；Adams and Wendel，2005）。此外，非整倍体也会导致表观遗传重建，在新多倍体中经常出现（Shiu et al.，2001）。多倍体植株中的遗传和表观遗传变化可改变基因表达。因此，多倍体植物中存在的染色体结构重排、序列扩增与消除、表观重塑和基因转录水平的变化等，使其在遗传、生理和形态上产生分化，形成新的表型，为物种形成、进化及适应性表现提供了分子基础和变异来源。然而，在作物遗传育种上，大多数人工多倍体并不表现出高质量或高产量，花果等器官也并非人们期待的那样得到改良（Sattler et al.，2016）。因此，深入了解多倍化后基因组的改变和新表型表达之间的相互关系对作物遗传改良，特别是园艺作物的倍性育种来说具有重要的意义。

从蔷薇属野生近缘种至现代月季的形成，染色体发生了显著的变化。这种倍性改变在现代月季形成中的作用尚不清楚，多倍化究竟如何修饰和影响蔷薇属植物的性状也值得深入研究。在遗传和表观遗传都可能对表型变异产生作用的情况下，了解两种系统的相对作用引起了科学家们的极大兴趣（Róis et al.，2013）。异源十倍体的中甸刺玫具有丰富的种内表型变异。那么，中甸刺玫表型变异的真正原因是什么？是由于染色体数量和结构差异、基因序列扩增与消除等遗传原因，还是由表观重塑和基因转录水平等的变化所引起？此外，与其原始亲本相比，多倍化如何塑造了中甸刺玫的表型性状也需要进一步研究。研究结果将为回答多倍化如何修饰植物的表型提供科学依据，为理解现代月季形成过程中倍性变化的作用奠定基础，也对现代月季的倍性育种具有指导作用。

13.3　中甸刺玫的十倍体特征对现代月季倍性育种的启示及其在种质创制中的可能应用

多倍性是作物遗传育种和驯化中的一个重要目标性状，多倍体育种在园艺作物中应用广泛。近年来的研究证实，多倍化在诱导染色体数目与结构变异的同时，还促进了新表型性状的出现，这不仅增加了多倍体物种的适应性进化潜力，还对作物遗传育种与品种改良具有重要的实践实用价值（李霖锋和刘宝，2019）。现代月季是世界上最重要的观赏植物之一，也是在芳香工业及化妆品产业中的重要植物。由于具有复杂的演化和育种历史，包括种间杂交和多倍化等，现代月季表现出一系列独特的性状（Raymond et al.，2018；Saint-Oyant et al.，2018）。全世界目前约有37 000个现代月季品种，绝大部分是四倍体（Bourke et al.，2017）。虽然蔷薇属不同野生种间的染色体数量差异较大，从二倍体到十倍体均有，但现代月季最重要的原始野生亲本中，只有起源于欧洲的法国蔷薇（*R. gallica*）、大马士革蔷薇（*R. damascena*）和百叶蔷薇（*R. centifolia*）等是四倍体（Wylie，1954）。起源于亚洲的除华西蔷薇是六倍体（Jian et al.，2013）外，其他的包括月季花复合群（*R. chinensis* complex）、香水月季复合群（*R. odorata* complex）、玫瑰、野蔷薇（*R. multiflora*）和光叶蔷薇（*R. wichuraiana*）等都是二倍体（Akasaka et al.，2002；蹇洪英等，2010b）。对现代月季育成起着关键作用的4个中国古老月季品种也都是二倍体（蹇洪英等，2010a；罗乐等，2009）。研究表明：伴随多倍化，一些性状比另一些性状更易变。在形态上，多倍化常通过影响花大小、花瓣的相对大小、不同花器官之间的空间关系来影响繁殖系统（Te Beest et al.，2012）。在现代月季形成过程中，除了杂交对性状的直接影响，倍性变化（主要是多倍化）的作用尚不清楚。此外，虽然自然界中蔷薇属植物有六倍体、八倍体甚至十倍体，但现代月季中目前尚无高于4倍的品种，那么，为什么栽培品种没有高于4倍的品种？利用杂交或其他生物育种手段能否创制出更高倍性的月季，更高倍性的现代月季将会表现出什么样的表型性状？

　　进行种质资源研究的目的是应用。对于十倍体中甸刺玫，除了本书第12章描述的观赏和园林绿化等直接应用，利用分子生物学技术手段发掘其具有的抗寒、抗黑斑病、抗蚜虫、大花、直立树状甚至根蘖等优异性状相关的基因，还可通过常规的杂交等将其直接用于蔷薇属植物（含现代月季）的种质创新。如果能够克服远缘杂交不亲和性及后期种子萌发困难等难题，将会获得一些具有不同倍性的中间材料，不仅可用于进一步的种质创新，也可用于多倍体表型性状形成的作用机制研究。

参 考 文 献

白锦荣,张启翔,潘会堂. 2009. 云南滇西北地区蔷薇属（*Rosa* L.）植物资源调查与评价［J］. 植物遗传资源学报,10（2）：218-223.

包士英,毛品一,苑淑秀. 1998. 云南植物采集史略［M］. 北京：中国科学技术出版社.

曹世睿,张婷,王其刚,等. 2021. 八个蔷薇属种质资源的核型分析［J］. 北方园艺,（13）：85-90.

曹亚玲,何永华,李朝銮. 1996. 蔷薇属38个野生种果实的维生素含量及其与分组的关系［J］. 植物学报,38（10）：822-827.

晁岳恩,常阳,王美芳,等. 2012. 7种作物叶绿体基因的密码子偏好性及聚类分析［J］. 华北农学报,27（4）：60-64.

陈俊愉. 2001. 中国花卉品种分类学［M］. 北京：中国林业出版社.

陈思俊. 2006. 香格里拉之魂：出发与到达［M］. 成都：四川民族出版社.

程新平,祝建刚. 2016. 高海拔地区园林绿化树种选择及配置浅析［J］. 防护林科技,（10）：94-96,102.

代永东. 2018. 青藏高原东南部冬虫夏草及其近缘种分类与谱系地理研究［D］. 昆明：云南大学博士学位论文.

邓亨宁. 2015. 蔷薇属小叶组的分子系统发育学及物种形成［D］. 重庆：西南大学硕士学位论文.

邓菊庆,蹇洪英,李淑斌,等. 2013. 几种云南特有蔷薇资源的抗寒性研究［J］. 西南农业学报,26（2）：723-727.

丁任重. 2006. 中国大香格里拉经济圈研究［M］. 成都：西南财经大学出版社.

范元兰,陈宇春,蹇洪英,等. 2021. 蔷薇属抗蚜种质资源的筛选［J］. 云南大学学报（自然科学版）,43（3）：619-628.

方桥,田敏,张婷,等. 2020. 中甸刺玫及其近缘种基于FISH的核型分析［J］. 园艺学报,47（3）：503-516.

关文灵,李世峰,宋杰,等. 2012. 云南特有濒危植物中甸刺玫的分布特征研究［J］. 西部林业科学,41（1）：88-93.

郭家骥. 2003. 生态环境与云南藏族的文化适应［J］. 民族研究,（1）：48-57,107.

郭艳红,张颢,陈宇春,等. 2021. 蔷薇属黑斑病抗性与叶片结构及酶活性研究［J］. 西南农业学报,34（8）：1637-1642.

何亚平,刘建全. 2003. 植物繁育系统研究的最新进展和评述［J］. 植物生态学报,27（2）：151-163.

何永华,曹亚玲,李朝銮. 1997. 华西蔷薇和中甸刺玫营养成分分析[J]. 园艺学报,24(2): 203-204.

环境保护部,中国科学院. 2013. 中国生物多样性红色名录:高等植物卷[EB/OL]. https://www.mee.gov.cn/gkml/hbb/bgg/201309/W020130917614244055331.pdf[2023-11-21].

黄继红,张金龙,杨永,等. 2013. 特有植物多样性分布格局测度方法的新进展[J]. 生物多样性,21(1):99-110.

蹇洪英,张颢,王其刚,等. 2010a. 中国古老月季品种的核型研究[J]. 园艺学报,37(1): 83-88.

蹇洪英,张颢,张婷,等. 2010b. 香水月季(Rosa odorata Sweet)不同变种的染色体及核型分析[J]. 植物遗传资源学报,11(4):457-461.

李霖锋,刘宝. 2019. 植物多倍化与多倍体基因组进化研究进展[J]. 中国科学:生命科学, 49(4):327-337.

李茂林,许建初. 2007. 云南藏族家庭的煨桑习俗:以迪庆藏族自治州的两个藏族社区为例[J]. 民族研究,(5):46-55,108.

李懋学,陈瑞阳. 1985. 关于植物核型分析的标准化问题[J]. 武汉植物学研究,3(4): 297-302.

李懋学,张敩方. 1991. 植物染色体研究技术[M]. 哈尔滨:东北林业大学出版社.

李懋学,张赞平. 1996. 作物染色体及其研究技术[M]. 北京:中国农业出版社.

李瑞年,杜凡,李云琴,等. 2013. 香格里拉县种子植物多样性海拔分布格局[J]. 西南林业大学学报,33(6):13-18.

李树发,蔡艳飞,蹇洪英,等. 2013. 中甸刺玫(Rosa praelucens Byhouwer)引种驯化研究[J]. 西南农业学报,26(4):1633-1638.

李树发,李纯佳,蹇洪英,等. 2013. 云南香格里拉特有易危植物中甸刺玫的表型多样性[J]. 园艺学报,40(5):924-932.

刘爱平. 2007. 细胞生物学荧光技术原理和应用[M]. 合肥:中国科学技术大学出版社.

刘东华,李懋学. 1985. 我国某些蔷薇属花卉的核型研究[J]. 武汉植物学研究,3(4): 403-408.

刘思衡. 2001. 作物育种与良种繁育学词典[M]. 北京:中国农业出版社.

刘智能,潘刚,张红锋,等. 2016. 拉萨市园林植物调查与应用研究[J]. 云南农业大学学报(自然科学),31(4):670-680.

罗乐,张启翔,白锦荣,等. 2009. 16个中国传统月季品种的核型分析[J]. 北京林业大学学报,31(5):90-95.

明军,顾万春. 2006. 紫丁香表型多样性研究[J]. 林业科学研究,19(2):199-204.

聂谷华,廖亮,向其柏,等. 2006. 荧光原位杂交技术及其在植物研究中的应用[J]. 西北植物学报,26(12):2596-2601.

聂泽龙,孙航,顾志建. 2004. 横断山区被子植物染色体研究概况[J]. 云南植物研究,26(1):

35-57.

潘发生. 1998. 中甸的生物资源［J］. 中国西藏（中文版），（4）：45-46.

潘丽蛟，关文灵，华蔚菡，等. 2012. 濒危植物中甸刺玫群落特征研究［J］. 亚热带植物科学，41（3）：51-55.

潘丽蛟，关文灵，李懿航. 2018. 珍稀濒危植物中甸刺玫种群结构与空间分布格局研究［J］. 亚热带植物科学，47（3）：229-234.

邱显钦，张颢，李树发，等. 2009. 基于SSR分子标记分析云南月季种质资源亲缘关系［J］. 西北植物学报，29（9）：1764-1771.

沈艺. 2018. 香格里拉城市植物景观优化探讨［J］. 现代园艺，（18）：107.

生态环境部，中国科学院. 2020. 中国生物多样性红色名录：高等植物卷（2020）. [EB/OLhttps://www.mee.gov.cn/xxgk2018/xxgk/xxgk01/202305/W020230522536560832337.pdf [2024-06-07]

孙航. 2002. 古地中海退却与喜马拉雅-横断山的隆起在中国喜马拉雅成分及高山植物区系的形成与发展上的意义［J］. 云南植物研究，24（3）：273-288.

覃海宁，杨永，董仕勇，等. 2017. 中国高等植物受威胁物种名录［J］. 生物多样性，25（7）：696-744.

唐开学. 2009. 云南蔷薇属种质资源研究［D］. 昆明：云南大学博士学位论文.

田敏，张婷，唐开学，等. 2013. 45S rDNA在中国古老月季品种染色体上的荧光原位杂交分析［J］. 云南农业大学学报（自然科学），28（3）：380-385.

汪松，解焱. 2004. 中国物种红色名录 第一卷 红色名录［M］. 北京：高等教育出版社.

王开锦. 2017. 中甸刺玫的系统位置及杂交起源研究［D］. 昆明：云南大学硕士学位论文.

王开锦，张婷，王其刚，等. 2018. 中甸刺玫的系统位置及杂交起源研究［J］. 植物遗传资源学报，19（5）：1006-1015.

王晓松. 1993. 迪庆藏族历史文化简述［J］. 西藏研究，（4）：96-101.

王印政. 2013. 中国植物采集简史Ⅰ：1949年之前外国人在华采集［M］// 谷粹芝，李振宇，黄蜀琼，等. 中国植物志（第1卷）. 北京：科学出版社：658-704.

伍翔宇，陈敏，王其刚，等. 2014. 中甸刺玫和川滇蔷薇的繁育系统比较研究［J］. 园艺学报，41（10）：2075-2084.

徐柯健. 2008. 香格里拉地区的自然与人文多样性及发展模式［D］. 北京：中国地质大学博士学位论文.

许凤，李凌，邱显钦，等. 2009. 云南39个野生蔷薇种间遗传多样性的SSR分析［J］. 西南大学学报（自然科学版），31（6）：83-87.

杨芳. 2019. 七里香蔷薇叶绿体基因组测序及结构分析［J］. 基因组学与应用生物学，38（8）：3586-3594.

云南省中甸县地方志编纂委员会. 1997. 中甸县志［M］. 昆明：云南民族出版社.

云南植被编写组. 1987. 云南植被［M］. 北京：科学出版社.

张大为，谭晨，李再云. 2018. 芸薹属及其他异源多倍体植物的基因表达特征研究进展［J］

中国油料作物学报，40（3）：438-445.

张福墁．2001．设施园艺学［M］．北京：中国农业大学出版社．

张婷，寇洪英，莫锡君，等．2018．长尖叶蔷薇基于rDNA FISH的核型分析［J］．西南农业学报，31（10）：2036-2040.

张婷，寇洪英，田敏，等．2014．蔷薇属3个野生种中45S rDNA和5S rDNA的物理定位［J］．园艺学报，41（5）：994-1000.

中国科学院中国植物志编辑委员会．1985．中国植物志　第三十七卷［M］．北京：科学出版社．

中国植物学会．1994．中国植物学史［M］．北京：科学出版社．

钟大赉，丁林．1996．青藏高原的隆起过程及其机制探讨［J］．中国科学（D辑：地球科学），26（4）：289-295.

周丽华，徐廷志．2006．蔷薇属［M］// 吴征镒．云南植物志（第12卷）．北京：科学出版社：570-600.

周玉泉，苏群，张颢，等．2016．极危植物中甸刺玫的分布及种群数量动态［J］．植物遗传资源学报，17（4）：649-654，662.

周玉泉．2016．蔷薇属植物的分子系统学研究：兼论几个栽培品种的起源［D］．昆明：云南师范大学硕士学位论文．

Abbott R J, Brochmann C. 2003. History and evolution of the Arctic flora: in the footsteps of Eric Hultén [J]. Molecular Ecology, 12(2): 299-313.

Adams K L, Wendel J F. 2005. Polyploidy and genome evolution in plants [J]. Current Opinion in Plant Biology, 8(2): 135-141.

Akasaka M, Ueda Y, Koba T. 2002. Karyotype analyses of five wild rose species belonging to septet A by fluorescence *in situ* hybridization [J]. Chromosome Science, 6: 17-26.

Akasaka M, Ueda Y, Koba T. 2003. Karyotype analysis of wild rose species belonging to septets B, C, and D by molecular cytogenetic method [J]. Breeding Science, 53(2): 177-182.

Andreou M, Delipetrou P, Kadis C, et al. 2011. An integrated approach for the conservation of threatened plants: the case of *Arabis kennedyae* (Brassicaceae) [J]. Acta Oecologica, 37(3): 239-248.

Arano H. 1963. Cytological studies in subfamily Carduoideae (Compositae) of Japan Ⅻ [J]. Shokubutsugaku Zasshi, 76(900): 219-224.

Arif I A, Khan H A, Bahkali A H, et al. 2011. DNA marker technology for wildlife conservation [J]. Saudi Journal of Biological Sciences, 18(3): 219-225.

Ayele T B, Gailing O, Finkeldey R. 2011. Assessment and integration of genetic, morphological and demographic variation in *Hagenia abyssinica* (Bruce) J.F. Gmel to guide its conservation [J]. Journal for Nature Conservation, 19(1): 8-17.

Balao F, Herrera J, Talavera S. 2011. Phenotypic consequences of polyploidy and genome size at the microevolutionary scale: a multivariate morphological approach [J]. New Phytologist, 192(1): 256-265.

Beier S, Thiel T, Münch T, et al. 2017. MISA-web: a web server for microsatellite prediction [J].

Bioinformatics, 33(16): 2583-2585.

Bensch S, Akesson M. 2005. Ten years of AFLP in ecology and evolution: why so few animals? [J]. Molecular Ecology, 14(10): 2899-2914.

Bourke P M, Arens P, Voorrips R E, et al. 2017. Partial preferential chromosome pairing is genotype dependent in tetraploid rose [J]. The Plant Journal: for Cell and Molecular Biology, 90(2): 330-343.

Brichet H. 2003. Distribution and ecology/continental Asian and Japan [M] // Roberts A, Debener T, Gudin S. Encyclopedia of Rose Sciences. Oxford: Elsevier Science: 204-215.

Brochmann C, Brysting A K, Alsos I G, et al. 2004. Polyploidy in Arctic plants [J]. Biological Journal of the Linnean Society, 82: 521-536.

Byhouwer J T P. 1929. An enumeration of the roses of Yunnan [J]. Journal of the Arnold Arboretum, 10: 84-107.

Chen Z J. 2007. Genetic and epigenetic mechanisms for gene expression and phenotypic variation in plant polyploids [J]. Annual Review of Plant Biology, 58: 377-406.

Cole C T. 2003. Genetic variation in rare and common plants [J]. Annual Review of Ecology, Evolution, and Systematics, 34: 213-237.

Crane Y M, Byrne D H. 2003. Karyology [M] // Roberts A, Debener T, Gudin S, et al. Encyclopedia of Rose Sciences. Oxford: Elsevier Science: 267-273.

Daniell H, Lin C S, Yu M, et al. 2016. Chloroplast genomes: diversity, evolution, and applications in genetic engineering [J]. Genome Biology, 17: 134.

Darling A C E, Mau B, Blattner F R, et al. 2004. Mauve: multiple alignment of conserved genomic sequence with rearrangements [J]. Genome Research, 14: 1394-1403.

Darlington C D. 1942. Vitamin C and chromosome number in *Rosa* [J]. Nature, 150: 404.

Despres L, Loriot S, Gaudeul M. 2002. Geographic pattern of genetic variation in the European globeflower *Trollius europaeus* L. (Ranunculaceae) inferred from amplified fragment length polymorphism markers [J]. Molecular Ecology, 11: 2337-2347.

Ding X L, Xu T L, Wang J, et al. 2016. Distribution of 45S rDNA in modern rose cultivars (*Rosa hybrida*), *Rosa rugosa*, and their interspecific hybrids revealed by fluorescence *in situ* hybridization [J]. Cytogenetic and Genome Research, 149: 226-235.

Dufresne F, Stift M, Vergilino R, et al. 2014. Recent progress and challenges in population genetics of polyploid organisms: an overview of current state-of-the-art molecular and statistical tools [J]. Molecular Ecology, 23: 40-69.

Dydak M, Kolano B, Nowak T, et al. 2009. Cytogenetic studies of three European species of *Centaurea* L. (Asteraceae) [J]. Hereditas, 146: 152-161.

Eickbush T H, Eickbush D G. 2007. Finely orchestrated movements: evolution of the ribosomal RNA genes [J]. Genetics, 175: 477-485.

Fernández-Romero M D, Torres A M, Millán T, et al. 2001. Physical mapping of ribosomal DNA on several species of the subgenus *Rosa* [J]. Theoretical and Applied Genetics, 103: 835-838.

Fiasson J L, Raymond O, Piola F, et al. 2003. Chemotaxonomy and molecular taxonomy [M]// Roberts A, Debener T, Gudin S. Encyclopedia of Rose Sciences. London: Elsevier: 127-135.

Flannery M L, Mitchell F J G, Coyne S, et al. 2006. Plastid genome characterisation in *Brassica* and Brassicaceae using a new set of nine SSRs [J]. Theoretical and Applied Genetics, 113: 1221-1231.

Fougère-Danezan M, Joly S, Bruneau A, et al. 2015. Phylogeny and biogeography of wild roses with specific attention to polyploids [J]. Annals of Botany, 115: 275-291.

Frankham R, Briscoe D A, Ballou J D. 2002. Introduction to Conservation Genetics [M]. London: Cambridge University Press.

Frazer K A, Pachter L, Poliakov A, et al. 2004. VISTA: computational tools for comparative genomics [J]. Nucleic Acids Research, 32: 273-279.

Gitzendanner M A, Soltis P S. 2000. Patterns of genetic variation in rare and widespread plant congeners [J]. American Journal of Botany, 87: 783-792.

González-Astorga J, Castillo-Campos G. 2004. Genetic variability of the narrow endemic tree *Antirhea aromatica* Castillo-Campos Lorence (Rubiaceae, Guettardeae) in a tropical forest of *Mexico* [J]. Annals of Botany, 93: 521-528.

Goossens B, Sharma R, Othman N, et al. 2016. Habitat fragmentation and genetic diversity in natural populations of the Bornean elephant: implications for conservation [J]. Biological Conservation, 196: 80-92.

Grant V. 1981. Plant Speciation [M]. 2nd ed. New York: Columbia University Press.

Guisinger M M, Kuehl J V, Boore J L, et al. 2011. Extreme reconfiguration of plastid genomes in the angiosperm family Geraniaceae: rearrangements, repeats, and codon usage [J]. Molecular Biology and Evolution, 28: 583-600.

Hewitt G M. 1996. Some genetic consequences of ice ages, and their role in divergence and speciation [J]. Biological Journal of the Linnean Society, 58: 247-276.

Hurst C C. 1925. Chromosomes and characters in *Rosa* and their significance in the origin of species [J]. Experiments in Genetics, 38: 534-558.

Hurst C C. 1928. Differential Polyploidy in the Genus *Rosa* L. Zeitschrift für Induktive Abstammungs und Vererbungs-lehre Supplement, 2: 866-906.

Jian H Y, Li S F, Guo J L, et al. 2018. High genetic diversity and differentiation of an extremely narrowly distributed and critically endangered decaploid rose (*Rosa praelucens*): implications for its conservation [J]. Conservation Genetics, 19: 761-776.

Jian H Y, Min T, Ting Z, et al. 2013. Chromosome variation from sect. *Chinenses* (*Rosa* L.) through Chinese old garden roses to modern rose cultivars [J]. Acta Horticulturae, 977: 157-165.

Jian H Y, Zhang H, Tang K X, et al. 2010. Decaploidy in *Rosa praelucens* Byhouwer (Rosaceae) endemic to Zhongdian Plateau, Yunnan, China [J]. Caryologia, 63: 162-167.

Jian H Y, Zhang T, Wang Q G, et al. 2013. Karyological diversity of wild *Rosa* in Yunnan, Southwestern China [J]. Genetic Resources and Crop Evolution, 60: 115-127.

Jian H Y, Zhang Y H, Yan H J, et al. 2018. The complete chloroplast genome of a key ancestor of modern roses, *Rosa chinensis* var. *spontanea*, and a comparison with congeneric species [J]. Molecules, 23: 389.

Jiang J, Gill B S. 1994. Nonisotopic *in situ* hybridization and plant genome mapping: the first 10 years [J]. Genome, 37: 717-725.

Jiao Y N, Wickett N J, Ayyampalayam S, et al. 2011. Ancestral polyploidy in seed plants and angiosperms [J]. Nature, 473: 97-100.

Ju Y, Zhuo J X, Liu B, et al. 2013. Eating from the wild: diversity of wild edible plants used by Tibetans in Shangri-la region, Yunnan, China [J]. Journal of Ethnobiology and Ethnomedicine, 9: 28.

Kearse M, Moir R, Wilson A, et al. 2012. Geneious basic: an integrated and extendable desktop software platform for the organization and analysis of sequence data [J]. Bioinformatics, 28: 1647-1649.

Kim K J, Lee H L. 2004. Complete chloroplast genome sequences from Korean ginseng (*Panax schinseng* Nees) and comparative analysis of sequence evolution among 17 vascular plants [J]. DNA Research, 11: 247-261.

Kirov I, Van Laere K, De Riek J, et al. 2014. Anchoring linkage groups of the *Rosa* genetic map to physical chromosomes with tyramide-FISH and EST-SNP markers [J]. PLoS One, 9: e95793.

Kirov I V, Van Laere K, Van Roy N, et al. 2016. Towards a FISH-based karyotype of *Rosa* L. (Rosaceae) [J]. Comparative Cytogenetics, 10: 543-554.

Koopman W J M, Wissemann V, De Cock K, et al. 2008. AFLP markers as a tool to reconstruct complex relationships: a case study in *Rosa* (Rosaceae) [J]. American Journal of Botany, 95(3): 353-366.

Książczyk T, Taciak M, Zwierzykowski Z. 2010. Variability of ribosomal DNA sites in *Festuca pratensis*, *Lolium perenne*, and their intergeneric hybrids, revealed by FISH and GISH [J]. Journal of Applied Genetics, 51: 449-460.

Ku T C, Robertson K R. 2003. *Rosa* (Rosaceae) [M] // Wu Z Y, Raven P H. Flora of China. St. Louis: Missouri Botanical Garden Press: 339-381.

Kuo S, Wang T, Huang T C. 1972. Karyotype analysis of some Formosan gymnosperms [J]. Taiwania, 17(1): 66-80.

Kurtz S, Choudhuri J V, Ohlebusch E, et al. 2001. REPuter: the manifold applications of repeat analysis on a genomic scale [J]. Nucleic Acids Research, 29: 4633-4642.

Levin D A. 2002. The role of chromosomal change in plant evolution [M]. New York: Oxford University Press.

Lewis W H. 1959. A monograph of the genus *Rosa* in North America. Ⅰ. *R. acicularis* [J]. Brittonia, 11: 1-24.

Li P, Lu R S, Xu W Q, et al. 2017. Comparative genomics and phylogenomics of East Asian tulips (*Amana*, Liliaceae) [J]. Frontiers in Plant Science, 8: 451.

Li X X, Zhou Z K. 2005. Endemic wild ornamental plants from northwestern Yunnan, China [J]. HortScience, 40: 1612-1619.

Librado P, Rozas J. 2009. DnaSP v5: a software for comprehensive analysis of DNA polymorphism data [J]. Bioinformatics, 25: 1451-1452.

Lim K Y, Werlemark G, Matyasek R, et al. 2005. Evolutionary implications of permanent odd polyploidy in the stable sexual, pentaploid of *Rosa canina* L [J]. Heredity, 94: 501-506.

Liu C, Shi L C, Zhu Y J, et al. 2012. CpGAVAS, an integrated web server for the annotation, visualization, analysis, and GenBank submission of completely sequenced chloroplast genome sequences [J]. BMC Genomics, 13: 715.

Liu L Q, Gu Z J. 2009. Chromosome relationship between *Camellia japonica* and *Camellia reticulata* revealed by genomic *in situ* hybridization [J]. Chromosome Botany, 4: 1-4.

Liu L X, Li R, Worth J R P, et al. 2017. The complete chloroplast genome of Chinese bayberry (*Morella rubra*, Myricaceae): implications for understanding the evolution of Fagales [J]. Frontiers in Plant Science, 8: 968.

Liu L X, Wang Y W, He P Z, et al. 2018. Chloroplast genome analyses and genomic resource development for epilithic sister Genera *Oresitrophe* and *Mukdenia* (Saxifragaceae), using genome skimming data [J]. BMC Genomics, 19: 235.

Lohse M, Drechsel O, Kahlau S, et al. 2013. OrganellarGenomeDRAW: a suite of tools for generating physical maps of plastid and mitochondrial genomes and visualizing expression data sets [J]. Nucleic Acids Research, 41: 575-581.

Loveless M D, Hamrick J L. 1984. Ecological determinants of genetic structure in plant populations [J]. Annual Review of Ecology and Systematics, 15: 65-95.

Luttikhuizen P C, Stift M, Kuperus P, et al. 2007. Genetic diversity in diploid *vs.* tetraploid *Rorippa amphibia* (Brassicaceae) [J]. Molecular Ecology, 16: 3544-3553.

Ma Y, Islam-Faridi M N, Crane C F, et al. 1997. *In situ* hybridization of ribosomal DNA to rose chromosomes [J]. Journal of Heredity, 88: 158-161.

Madlung A. 2013. Polyploidy and its effect on evolutionary success: old questions revisited with new tools [J]. Heredity, 110: 99-104.

Mayor C, Brudno M, Schwartz J R, et al. 2000. VISTA: visualizing global DNA sequence alignments of arbitrary length [J]. Bioinformatics, 16: 1046-1047.

McCarthy M A, Burgman M A, Ferson S. 1995. Sensitivity analysis for models of population viability [J]. Biological Conservation, 73(2): 93-100.

Moghe G D, Shiu S H. 2014. The causes and molecular consequences of polyploidy in flowering plants [J]. Annals of the New York Academy of Sciences, 1320: 16-34.

Mukai Y, Nakahara Y, Yamamoto M. 1993. Simultaneous discrimination of the three genomes in hexaploid wheat by multicolor fluorescence *in situ* hybridization using total genomic and highly repeated DNA probes [J]. Genome, 36: 489-494.

Myers N, Mittermeier R A, Mittermeier C G, et al. 2000. Biodiversity hotspots for conservation priorities [J]. Nature, 403: 853-858.

Neale D B, Sederoff R R. 1989. Paternal inheritance of chloroplast DNA and maternal inheritance of mitochondrial DNA in loblolly pine [J]. Theoretical and Applied Genetics, 77: 212-216.

Ohba H. 1988. The alpine flora of the Nepal Himalayas: an introductory note [M] // Ohba H, Malla S H. The Himalayan Plants (vol. 1). Tokyo: Tokyo University Press.

Osborn T C, Chris Pires J, Birchler J A, et al. 2003. Understanding mechanisms of novel gene expression in polyploids [J]. Trends in Genetics, 19: 141-147.

Otto S P, Whitton J. 2000. Polyploid incidence and evolution [J]. Annual Review of Genetics, 34: 401-437.

Ouborg N J, Pertoldi C, Loeschcke V, et al. 2010. Conservation genetics in transition to conservation genomics [J]. Trends in Genetics, 26: 177-187.

Patel R K, Jain M. 2012. NGS QC Toolkit: a toolkit for quality control of next generation sequencing data [J]. PLoS One, 7: e30619.

Powell W, Morgante M, McDevitt R, et al. 1995. Polymorphic simple sequence repeat regions in chloroplast genomes: applications to the population genetics of pines [J]. Proceedings of the National Academy of Sciences of the United States of America, 92: 7759-7763.

Price L, Short K C, Roberts A V. 1981. Poor resolution of C-bands and the presence of B-chromosomes in *Rosa rugosa* 'scabrosa' [J]. Caryologia, 34: 69-72.

Provan J. 2000. Novel chloroplast microsatellites reveal cytoplasmic variation in *Arabidopsis thaliana* [J]. Molecular Ecology, 9: 2183-2185.

Qiu L J, Xing L L, Guo Y, et al. 2013. A platform for soybean molecular breeding: the utilization of core collections for food security [J]. Plant Molecular Biology, 83: 41-50.

Qiu X Q, Jian H Y, Wang Q G, et al. 2015. Powdery mildew resistance identification of wild Rosa germplasms [J]. Acta Horticulturae, 1064: 329-335.

Qiu X Q, Zhang H, Jian H Y, et al. 2013. Genetic relationships of wild roses, old garden roses, and modern roses based on internal transcribed spacers and *matK* sequences [J]. HortScience, 48: 1445-1451.

Qiu X Q, Zhang H, Wang Q G, et al. 2012. Phylogenetic relationships of wild roses in China based on nrDNA and *matK* data [J]. Scientia Horticulturae, 140: 45-51.

Ramsey J, Schemske D W. 2002. Neopolyploidy in flowering plants [J]. Annual Review of Ecology and Systematics, 33: 589-639.

Raymond O, Gouzy J, Just J, et al. 2018. The *Rosa* genome provides new insights into the domestication of modern roses [J]. Nature Genetics, 50: 772-777.

Rehder A. 1940. Manual of Cultivated Trees and Shrubs [M]. New York: MacMillan.

Ris H, Plaut W. 1962. Ultrastructure of DNA-containing areas in the chloroplast of *Chlamydomonas* [J]. The Journal of Cell Biology, 13: 383-391.

Roberts A V, Gladis T, Brumme H. 2009. DNA amounts of roses (*Rosa* L.) and their use in attributing ploidy levels [J]. Plant Cell Reports, 28: 61-71.

Róis A S, Rodríguez López C M, Cortinhas A, et al. 2013. Epigenetic rather than genetic factors may explain phenotypic divergence between coastal populations of diploid and tetraploid *Limonium* spp. (Plumbaginaceae) in Portugal [J]. BMC Plant Biology, 13: 205.

Rowley G D. 1967. Chromosome studies and evolution in *Rosa* [J]. Bulletin Du Jardin Botanique National De Belgique, 37: 45.

Saint-Oyant L H, Ruttink T, Hamama L, et al. 2018. A high-quality genome sequence of *Rosa chinensis* to elucidate ornamental traits [J]. Nature Plants, 4: 473-484.

Sattler M C, Carvalho C R, Clarindo W R. 2016. The polyploidy and its key role in plant breeding [J]. Planta, 243: 281-296.

Schlaepfer D R, Edwards P J, Semple J C, et al. 2008. Cytogeography of *Solidago gigantea* (Asteraceae) and its invasive ploidy level [J]. Journal of Biogeography, 35: 2119-2127.

Segraves K A, Thompson J N, Soltis P S, et al. 1999. Multiple origins of polyploidy and the geographic structure of *Heuchera grossulariifolia* [J]. Molecular Ecology, 8: 253-262.

Shetty S M, Md Shah M U, Makale K, et al. 2016. Complete chloroplast genome sequence of corroborates structural heterogeneity of inverted repeats in wild progenitors of cultivated bananas and plantains [J]. The Plant Genome, 9: 1-14.

Shinozaki K, Ohme M, Tanaka M, et al. 1986. The complete nucleotide sequence of the tobacco chloroplast genome [J]. Plant Molecular Biology Reporter, 4: 111-148.

Shiu P K T, Raju N B, Zickler D, et al. 2001. Meiotic silencing by unpaired DNA [J]. Cell, 107: 905-916.

Stace C A. 2000. Cytology and cytogenetics as a fundamental taxonomic resource for the 20th and 21st centuries [J]. Taxon, 49: 451-477.

Stebbins G L. 1971. Chromosome Evolution in Higher Plants [M]. London: Edward Arnold.

Sun Y X, Moore M J, Lin N, et al. 2017. Complete plastome sequencing of both living species of Circaeasteraceae (Ranunculales) reveals unusual rearrangements and the loss of the *ndh* gene family [J]. BMC Genomics, 18: 592.

Täckholm G. 1922. Zytologische Studien über die Gattung Rosa [J]. Acta Horticultura Bergiani, 7: 97-381.

Tamura K, Stecher G, Peterson D, et al. 2013. MEGA6: molecular evolutionary genetics analysis version 6.0 [J]. Molecular Biology and Evolution, 30: 2725-2729.

Tan J R, Wang J, Luo L, et al. 2017. Genetic relationships and evolution of old Chinese garden roses based on SSRs and chromosome diversity [J]. Scientific Reports, 7: 15437.

Te Beest M, Le Roux J J, Richardson D M, et al. 2012. The more the better? The role of polyploidy in facilitating plant invasions [J]. Annals of Botany, 109: 19-45.

Vos P, Hogers R, Bleeker M, et al. 1995. AFLP: a new technique for DNA fingerprinting [J]. Nucleic Acids Research, 23: 4407-4414.

Wang J, Gao P X, Kang M, et al. 2009. Refugia within refugia: the case study of a canopy tree (*Eurycorymbus cavaleriei*) in subtropical China [J]. Journal of Biogeography, 36: 2156-2164.

Weber J L. 1990. Informativeness of human (dC-dA)n · (dG-dT)n polymorphisms [J]. Genomics, 7: 524-530.

Weiss H, Maluszynska J. 2000. Chromosomal rearrangement in autotetraploid plants of *Arabidopsis thaliana* [J]. Hereditas, 133: 255-261.

Wicke S, Schneeweiss G M, DePamphilis C W, et al. 2011. The evolution of the plastid chromosome in land plants: gene content, gene order, gene function [J]. Plant Molecular Biology, 76(3-5): 273-297.

Wissemann V. 2003. Conventional taxonomy of wild roses [M] // Roberts A, Debener T, Gudin S. Encyclopedia of Rose Sciences. London: Elsevier: 111-117.

Wissemann V, Ritz C M. 2005. The genus *Rosa* (Rosoideae, Rosaceae) revisited: molecular analysis of nrITS-1 and atpB-rbcL intergenic spacer (IGS) versus conventional taxonomy [J]. Botanical Journal of the Linnean Society, 147: 275-290.

Wissemann V, Ritz C M. 2007. Evolutionary patterns and processes in the genus *Rosa* (Rosaceae) and their implications for host-parasite co-evolution [J]. Plant Systematics and Evolution, 266: 79-89.

Wyatt R. 1983. Pollinator-plant interactions and the evolution of breeding systems [M] // Real L. Pollination Biology. London: Academic Press: 51-95.

Wylie A P. 1954. The history of garden roses [J]. Journal of the Royal Horticultural Society, 79: 555-571.

Xue J H, Wang S, Zhou S L. 2012. Polymorphic chloroplast microsatellite loci in *Nelumbo* (Nelumbonaceae) [J]. American Journal of Botany, 99: e240-e244.

Ye W Q, Yap Z Y, Li P, et al. 2018. Plastome organization, genome-based phylogeny and evolution of plastid genes in Podophylloideae (Berberidaceae) [J]. Molecular Phylogenetics and Evolution, 127: 978-987.

Yu C, Luo L, Pan H T, et al. 2014. Karyotype analysis of wild *Rosa* species in Xinjiang, northwestern China [J]. Journal of the American Society for Horticultural Science, 139: 39-47.

Zhu A D, Guo W H, Gupta S, et al. 2016. Evolutionary dynamics of the plastid inverted repeat: the effects of expansion, contraction, and loss on substitution rates [J]. New Phytologist, 209: 1747-1756.